大都會文化
METROPOLITAN CULTURE

大都會文化
METROPOLITAN CULTURE

獺祭

DASSAI

歸零再起，深山小酒造的谷底翻身奇蹟

勝谷誠彥

序 再訪

正是綠意盎然之際。

二十年前能否預見今日這番光景呢？我和櫻井互看一眼，微微地笑了。

「那是什麼季節的事了？」

「那時你們家的酒藏正瀕臨倒閉吧！」

「勝谷先生你也是啊！光靠寫作也養不活自己吧！」

我們一面交談，一面抬頭望向眼前的大型機具。

這台機械正在打好基礎，準備建設大型酒藏。

釀造出「獺祭」的旭酒造在二〇一五年春天於此處建設了一座十二層樓高、年產量共三萬二千石[1]規模的酒藏，統計目前兩座酒藏的規模，其生產能力已達到五萬石之多。

1　日本酒的單位，一石等於一百八十公升。

在我這次拜訪藏元[2]的幾天前，安倍晉三這位出身在地的首相才將純米大吟釀「獺祭」贈送給美國總統 歐巴馬。那是一款稱為「獺祭 磨之先驅」的酒品，一瓶要價三萬二千四百日圓。

櫻井、安倍晉三與我的緣分不僅於此。

已故家鋪隆仁先生曾在山口縣俵山溫泉與結束第一次內閣任期的安倍先生一同泡澡，並談論政事。兩人先一同泡湯，話題尚未結束就找我過去。那是一棟相當悠靜的旅館。泡完澡後，櫻井就將「獺祭」送上餐桌。

今日，不少山口縣的酒已進軍日本中心地區，宛如過往長州志士[3]輩出般，充滿氣勢。酒和政治的重疊之處絕非偶然，而是因為眾人目光多集中於中心地區，內心期許自己總有一天要進軍中央，才引發如此現象，而旭酒造也懷抱著如此壯志吧。

然而，從初次邂逅之時，旭酒造就已相當特別。雖然說其在日後可能會超越其他酒藏有點失禮，但旭酒造在我眼中就是有如此的潛力。

如今，日本酒正要在全世界占有一席之地。而引領這股潮流的先驅就是「獺祭」。

為何「獺祭」會走到今日這個地位呢？

其實，當時日本人根本就不會唸「獺祭」二字，對於年輕人來說更是困難。到了現在，我在連鎖居酒屋「和民」點了「獺祭」後，坐在隔壁的青年輕拍我的背問：「大叔，這個唸作『DASSAI』嗎？你會唸嗎？」

「我會唸啊！這款酒源自獺越這個地方。在獺越的山中，有座小小的酒藏，一個叫作櫻井的男人耗盡心力釀酒，我在規模僅七百石時與他相遇，時至今日，規模已經達到五萬石之多了。」我在心中答道。

達到這個目標的，就是那位叫作櫻井博志的男人。

至今有不少撰寫櫻井相關事蹟的書籍問世，大多與櫻井的生意成功過程有關。

而我想寫一本關於櫻井對釀酒想法的書，也許書中會提到櫻井至今曾犯過的錯誤。不過我認為這樣也無妨，在日本酒已逐漸稱霸全球

2 酒藏負責人、老闆。

3 長州為日本舊地名，位於今日山口縣一帶，過去曾是幕府末期維新志士輩出之地。

的今日，有許多年輕的藏元正在釀造好酒。

率先走在前頭的櫻井博志先生，地位就算稱不上父親，也足以稱為叔父。我希望這本書能多少提及櫻井與我至今耗盡多少心血。

一回想就湧出不少回憶。

二〇一四年初夏之際，我睽違已久地造訪了酒藏。

從德山的留宿處出發後，車子就走入了蜿蜒小徑。光是前往酒藏的路程，就足以讓我目瞪口呆。日本的建築能力果然厲害啊！我不禁如此想著。

這裡變得如此方便了啊！

二十年前造訪旭酒造時，當地正如同地名「獺越」般，位在極其偏遠處。在陰暗的車站前與藏元見面的隔日，行駛在前往酒藏的路上時，我甚至還擔心過自己要被帶往怎麼樣的山中去，光是獺越這個地名就讓我感到畏懼。而我也是在看到藏元名片上的地址後，才發現「獺祭」之名源自獺越的「獺」字。

從德山出發後將近一小時，車子駛進了山谷間。

啊，這座山谷我有印象。這是一座令人聯想起日本風景原貌般的唯美山谷，水量適中的河川流經山谷正中央，家家戶戶則建造於正前方的山坡上。聚落中，還有座擁有大屋頂、看似寺廟的建築。

水流並不算湍急，但似乎多年就會侵襲村落一次，因此這裡的居民大多居住於山坡上。

然而酒藏就不會建造於山坡上。不管是精米的過程[4]，還是出貨等步驟，都必須使用到河水或是其水流。前幾代或是更之前的酒藏主人將酒藏建立於此處，我想是有其必然性的。

出來迎接我的藏元首先帶我前往工程現場參觀。中世紀[5]居住在這座獺之里的人，或是在某些戰役落敗而流落至此的人們，應該無法想像今日的樣貌吧。整座建築基地挖掘至極深的地下，見到基地背後斜坡上的擋土牆，我深刻體會到「這是一項不得了的工程」。肉眼不會注

4　將釀造用的酒米進行研磨，保留澱粉較多的心白，同時去除外層容易產生雜味的蛋白質和脂肪。

5　在日本多指鎌倉、室町幕府時期，也就是約十二～十六世紀間。

意到的部分只要睜一隻眼閉一隻眼也能蒙混過去，釀酒也是如此。不過，櫻井博志不會這麼做，果真是櫻井的風格。

我對著帶領我至工地的監工說：「這已經不是建築工程的範圍，而是土木工程了吧？」他聽完後露出滿滿的笑意，回答：「您真是內行啊！」

我的家就建造在輕井澤的陡峭斜坡上，我深知這番辛勞，便喃喃自語道：「我也是過來人啊。」知道我家情況的櫻井則在一旁笑著說：「總之這裡沒有平地，光是蓋員工用的停車場就很困難了。」

即使如此，眼前這番景象又是怎麼樣呢？過往我造訪時，這座酒藏只是一棟平房，僅有一部分為兩層樓建築罷了。我提起這件事情後，櫻井回答我：「你記得真清楚呢！不過那座酒藏也徹底發揮了功能喔。」

櫻井承接了那座酒藏，成為一座瀕臨倒閉、年產量僅達七百石的酒藏新主人。

地方酒藏大多為了提升利益釀造一些桶裝酒，並由中央酒藏所收購，但旭酒造不釀造這種酒。當時酒的名稱為「旭富士」，屬於所謂的二級酒。但又為什麼會演變成今日的「獺祭」呢？請容我之後再詳述。

我在櫻井的引領下進入酒藏中。

「真是令人讚嘆不已。」一般來說進入酒藏者應該會有如此感想，但我卻一點都不訝異。因為我認為櫻井的眼前早應出現這些規劃了。這是一座非常合乎規範，而且美觀、整潔的工廠。我曾參觀過日本不少酒藏，也嘗試過新穎的酒。就拿茨城縣的須藤本家酒造的「鄉乃譽」來說，當時我曾說：「這裡是打算蓋成製藥工廠嗎？」聽到這句話，藏元也笑了。這座比藥廠還要更乾淨整潔的酒藏，起源自平安時代（西元七九四～一一九二年間），是日本最古老的酒藏之一。

「這裡是不能讓其他人參觀的地方喔！」對方雖然這麼說，但因為我和日本酒有較多淵源，便邀請我走近看看。啊，原來如此，這裡是生產生酒（未經過加熱殺菌的日本酒）的地方。

「既然要用來生產生酒，就必須維護如此潔淨的環境。」

聽到這一席話，我也窺見了日本酒的未來。然而，這些觀點卻仍未拓展開來。不曉得櫻井有沒有察覺呢？不過，等我到了旭酒造，就發現這裡也是一樣。

「獺祭」就釀造自這座絕美的工廠內。

雖然是座工廠，但重要的步驟絕對經過人工控制，這也是我曾思考過的問題。這些偉大的藏元，以及被稱為「杜氏」[6]的人們也說過：「最後的重要步驟只有人類才做得出來。」像是扛米這些部分，「就讓機器人來做就好了吧！」不少老杜氏都這麼認為。重要的部分只經由人手，但可省力的部分則由機器代勞。我始終認為這是日本酒發展的理想結果。

我一一參觀蒸米場、製麴室等地，並對於製麴室的寬闊驚訝不已。雖說是製麴室，但四周牆上貼了木板，其木頭香氣更飄散四處。當然，在這些清潔的環境中，麴菌也在科學儀器的精密計算中發酵完成。這也許是不少藏人（釀酒的職人們）內心未竟之夢吧！

但是櫻井卻做到了。

我想他是有這方面才能的，但不是經由學習，而是天生的基因使然。雖然這麼說很失禮，但櫻井的父親就算有此才能也並未察覺到。

像在歌舞伎演員的家中，「老闆」與「演員」是同一人。不過酒藏就不同了，「老闆」不一定要全盤熟悉酒的知識，酒造的「演員」是由杜氏所擔任。打破了這種雙重構造，才創造了今日的日本酒盛況。雖然細微，但我想我曾在過去自己的書中，開啟了這個契機。之所以提及才能一事，是因為我們兩人曾在酒藏中有番對話所致。

每當進到儲酒槽室、製麴室等處，也許同行者尚未察覺，我已不自覺地針對氣味發表感想，而藏元也針對此表達「原來如此、這樣啊」等意見。他有他自己的認知，也許和我並不相同，但卻會做出「原來是這樣」等回覆。這若不是特別注重感官敏銳度的人，就無法準確說出其微妙之處。也因為如此，二十年前我曾感受到「啊，櫻井博志除了是『老闆』，同時也是『創造者』」的想法，今日也已化為實體。

酒藏培養了不少年輕人。過往的酒造業大多由「出外打工」者所支撐著，不少杜氏只有高等小學（舊制，一般小學畢業後，會進高等小學進修高等教育）畢業，甚至連字都寫不好。雖然這麼說有點不恰

6　酒造內各單位的階級及分工詳細，杜氏為釀酒工作的最高負責人。

當，但這些人們居然可以代代傳承這些技術，簡直是日本的奇蹟。光是寫到這段就感受到這個民族的偉大，甚至令人忍不住眼眶泛紅。

在這座酒藏裡，無論在走道或任何地方，只要與人相遇，他們一定對我深深一鞠躬，有如軍隊一般。我所提到的軍隊，指的是全盛時期的日本帝國海軍。這些人雖然筆直鞠躬，但嘴角卻帶著一絲微笑。當一個組織運作完善時，就會出現這番「緊繃與緩和」並存的樣貌。

我想這就是「獺祭」的潛力吧。

離開製麴室，前往上栓的生產線，櫻井仍欣喜地說明為什麼要進行「瓶燗」（將酒裝入瓶內後加熱）步驟，以及如何出貨等流程。據他所言，這裡的每個機械，都是相關業者認為無法使用後，他卻認為「這樣做應該可以吧！」並改裝而成。

其實櫻井本來就是這樣的男人。

在我剛開始撰寫日本酒相關文章，遇到櫻井後就深刻體會到，他是個時常帶著竊笑表情，想嘗試各種有趣事物的人。其實，我遇到許多有趣的藏人、藏元，還有日後成為新一代藏元的年輕杜氏們都是這個樣子。

「來試點有趣的事吧！」

正是這種想法，讓眾人有志一同地再創造出日本酒文化的盛世。

大致上逛過酒藏一圈，就已接近正午時分。以前要逛完這座酒藏，大概連三十分鐘都不需要，沒想到現在卻耗上將近兩小時參觀，可見「獺祭」的規模變得多大了。

走出酒藏外，眼前看到的是大片藍天。在櫻井太太的帶領下，進到位於組合屋內的寬敞會議室，見到塑膠盒裝便當上放著看似油炸過的食物，正疑惑他們訂了什麼給我吃，才驚覺竟然是酥炸河豚。而便當前方更放了一大盤河豚生魚片，餐點極其奢華。

此時，藏人領導西田也將當天早上剛釀造完成的「磨二割三分」裝瓶送了進來，真是奢侈至極的一頓飯啊！只要有酒席就會出現的經紀人T－1君雖感到開心，但似乎不太理解其背後意義，我倒是可以理解這番奢華餐點的意涵。

窗外盡是茂密的綠葉，還可聽見河川的潺潺水聲，此時再一口吃下五片厚厚的河豚生魚片，盡情享受其美味。
「這裡的河豚很好吃吧！」
這是當然的了，畢竟餐點來自藏元常去的河豚料理店啊。
接下來，再品嚐「磨二割三分」。當酒體滑順地通過喉嚨，享受其暢快感受後，才能進一步感受到河豚在舌尖留下的鮮甜。
「真是上等美味。」
接著咬下一口酥炸河豚，將河豚當作雞肉般享用，真是令人難以言喻的奢侈感受。藏元的臉早已紅通，原來他這麼容易臉紅啊。
看來他已經喝醉了。「哎呀，真的好久不見了！」
第一次造訪後，再次拜訪藏元究竟是何時的事情呢？每次見面，酒藏都有不同轉變，也真是罕見的情況。不過，藏元本人卻完全沒變，這也算是相當難得吧。之前曾不斷勸我盡量喝酒，這次也一樣勸酒。然而，眼前這一大盤河豚生魚片卻成為最大的差異。
而我之所以造訪酒藏，就是為了撰寫這本書。況且日本酒業界也變得更加活絡，一般也認為日本酒業界理應如此蓬勃，我也發自內心感到欣慰，但今日眾人卻開始將日本酒業界的興起視為自然現象，事實並非如此。

一路走來，豈止是充滿荊棘可以形容的。眾人往往不熟悉背後故事，就大肆談論「日本酒」、大肆談論「獺祭」。

我過去曾造訪過日本各地的酒藏，更用心記下了許多故事。這次，我打算伴隨過去的所見所聞，寫下「獺祭」的故事。

第一章

與日本酒的緣分

原本我對日本酒並沒有那麼多的堅持。

不過，總是有些突發狀況出現。我長期在文藝春秋這間出版社擔任現場採訪記者，但因某些原因被調動到專門出版文庫本書籍，以及視聽圖書的部門。這是我第一次進入該領域，完全不知道該做什麼才好。此時，我偶然被分配到一項工作，便是製作一本描述「日本酒之喜悅」的書籍。

我甚至連日本酒有什麼特點可令人感到喜悅都不知道。

在我的印象中，日本酒就是學生時代在便宜的居酒屋常喝的那種酒，通常喝完隔天一定會頭痛，而且一旦摸到熱酒時溢出酒壺的酒，手就會變得黏答答的。

我出社會後沒多久，曾有段盛行日本酒的時期。當時人們會將冰涼的酒倒入玻璃杯，而非傳統日式「猪口」小杯中飲用，而女孩子們則會這樣評論：

「哎呀！喝起來好像水啊！」

「可以一口接著一口喝呢！」

當時是受到泡沫經濟的影響吧！一小杯酒竟然要兩千日圓，而且是當時的兩千日圓。我也曾藉著邀約女性的藉口去過幾間這類店家喝過，但我完全不覺得美味。

當時一款稱為「上善如水」的酒很受歡迎，但喝起來真的像水一樣。有一位年紀比我大，現在回想起來也是個很了解日本酒的人曾嚴肅地說：「既然喝起來像水，那喝水不就好了嗎？」我對日本酒的認知大概就僅只於此。

因此，我真的做得出「日本酒之喜悅」這種成人取向的書籍嗎？我是一位編輯，大多是請人撰寫、拍攝以製作書籍。稿件當中，有位N先生持續拍攝了許多「十四代」（高木酒造）這款酒品的釀造過程。現在回想起來著實感到不好意思，我當時可是連那些照片的價值都不了解。那時的我甚至連想都沒想過，製作十四代的高木顯統先生未來會徹底撼動日本酒世界。

之後有人提及我也懂些日本酒，更說到：「記錄『十四代』的也是勝谷先生呢！」但這根本是個大謊言。我當時根本沒察覺到「十四代」多有價值，只單純覺得這個領域真是了不起啊。

當時，這些日本酒的先驅們確實也啟迪了我的智慧，畢竟製作文庫本其實賺得不多。我甚至還被N先生怒斥過：「稿費竟然這麼少？」

因此，我當時打算留幾頁給自己製作。我本來就是記者出身，只是後來被調去擔任編輯，若能自己製作一些篇幅，多少也能減少相關支出吧。雖然最後我被列為作者，但我起初只是打算自己去找些酒藏採訪，自行製作以壓低預算而已。

這僅是個大膽的想法，我也清楚就算擔任作者，也無法減少攝影部分的支出。

其實，也是這本書讓我成為攝影師，之後甚至還加入了日本攝影師協會。畢竟我本來就是攝影雜誌的記者，多少了解基礎拍攝技巧，也常出入攝影部的暗房沖洗照片，受到不少人照顧。

然而，貿然開始拍攝書本用的照片，也讓我一度想把那本書徹底銷毀，這次想索取當初那本書，才發現早已絕版了。不過那確實是一本好書，可說是在描寫我的故鄉，所以我應該要愛惜它的。

接著，我在思考該去哪裡採訪時，其中一個目標是位於富山縣西礪波郡福光町（今為南砺市）的成政酒造。這間酒藏的名聲並沒有特別響亮，規模也僅有約七、八百石罷了。不過，較特別的一點是，這家酒藏開創了一個新風格，也就是讓眾人共同推廣、經營酒藏。

這個創舉就稱為「吟釀信託基金」。

日本酒的酒藏老闆大多為當地的地主，這大概是因為現金流動所致。以一定的金額購入酒米，再將其釀造成酒販售後，才能賺回現金。而在這個過程中較具資本的，也只有地主了。

因此，日本酒的酒藏也孕育出了許多名士，包括過去的日本首相竹下登、池田勇人都是藏元出身。不少政治家、文人雅士也都出自於酒藏。

此外，為了延續酒藏的命脈，不少藏元會尋找優秀的孩童，並收為養子，讓其繼承酒藏。也就是說，身為一個藏元，必須善於管理資金，更要能維持酒藏的傳統，因此每座酒藏都很需要優秀的人才。不過，這類型的人才終究僅具有優秀的管理能力，卻未必具有釀酒能力，這之後我也會再次詳述，但請先記得這一點。

我經由一位名叫谷本亙的奇人介紹，前往成政酒造，這也是我初次造訪日本酒的酒藏。我換乘了電車，前往福光這座城鎮，最後抵達位於醫王山山腳下的酒藏。之後我造訪成政酒造的次數其實已經多到數不清，不過只記得這座酒藏在蒼鬱森林環抱下的氣氛有些恐怖。

「歡迎。」一位身型嬌小的老奶奶前來迎接我。她叫作山田和子，是這座酒藏的藏元，她率領著藏人們，重建起瀕臨倒閉的酒藏，但外表卻與其豪傑般的行為相連不起來。

當時我相當訝異於竟然有女性可以擔任藏元，事後才知道這其實算不上多稀奇的例子。畢竟藏元相當於節目製作人的角色，就算由女性繼承，也會尋找優秀的女婿，讓其繼承酒藏，這在日本酒界也不算奇特。

我記得當時酒藏內相當寂靜，但也許是因為並非釀造的季節所致。走到酒藏的二樓，漸漸聽見人們的談話、歡笑聲。這些聲音來自吟釀信託基金的成員。他們在陽台中央放置了一個切開的圓桶，裏頭放了木炭，再將插在竹籤上的香魚一一燒烤，陸續擺到我面前。此外，也烤了泥鰍等在地食材。這時我才首次體會到，在地物產與在地酒品結合後的箇中奧妙「原來『地酒』就是這麼一回事啊！真是大開眼界。」

成政酒造過去曾瀕臨倒閉，直到會員們出錢組成基金，並成立僅購買成政酒造產品的信託基金後，才重獲新生。「成政信託吟釀之會」這個組織並不只是單純的品酒同好會，而是要負起守護在地文化，甚至要擔負起管理的職務。當酒藏成為當地的文化資產，整座城鎮才會開始認真思考自然環境與酒米的生產問題。

不僅農家與酒藏，連城鎮的居民都會對釀酒提出建議。而藏元山田和子一向都會帶著微笑，仔細傾聽、統整這些成員的所有意見。她的態度謙恭穩重，只要是自己認同的，便會立即採用；即使認為該意見不合理，也會婉轉拒絕。就是因為藏元是她，成政酒造才有辦法走到成功的這一步吧。

對我來說最幸運的，是藉由這些採訪，不僅認識了釀酒的人們，還邂逅了懂得品酒的人們。其中有不少人都教導了我許多，今日更成為我的朋友。不過，當時認識的人們中，有一位早已與我陰陽相隔。他叫作常本健治，生前一面在當地的公所任職，一面從事農業。

經過多年後，眾人再次齊聚一堂時，早已不見他的身影。那一年，稻稈較高的酒米山田錦受颱風影響而倒下，常本先生一一撐起這些稻稈返家後卻猝死，當時還很年輕。

信託基金的成員在當年釀酒前曾說：「不要讓常本丟臉啊！」才開始釀造作業。

原來，日本酒背後有著這些感人的故事啊。

過了許久，我在二〇一三年再次造訪成政酒造的酒藏。當時我在附近有演講活動，打算順道過去拜訪。而藏元山田的兒子特地到高岡來接我。

車子行駛一段距離後，他突然開口：「其實，家母在幾天前過世了。」我震驚不已。「發生了這些事情，我真不應該今天來拜訪的。」語畢，他回答我：「不，大家都在等你。」

果然，信託基金的成員們在酒藏附近的車庫設了宴席，一樣又烤了香魚。

藏元的兒子說：「最開心的應該就是她本人了。」氣氛一如往常，就像每次成政信託基金的聚會般。只是這次我們沒有乾杯，而是舉杯致意。

我最早邂逅的酒藏是成政酒造，對於我記述日本酒的歷程來說，真的是最至高無上的幸福了。

在當時那本書即將完成前，我一度認為自己快被公司所開除，最後可能難以留下，我也必須靠著一枝筆養活自己。幸運的是，托當初那本文庫本的福，我也逐漸學會攝影技巧，並能靠著照片餵飽肚子，就這方面來說，我也是被日本酒所救。

這時候由光文社所發行的小說寶石刊物也來對我邀稿，希望我可以走遍日本各地的酒藏，並撰寫相關文章。不過，採訪費只有十萬日圓，必須靠著這些錢解決所有問題。當時我還不知道，這讓我後來的旅程變得多艱辛。

當時因鹿兒島縣內並無日本酒酒藏，我便造訪了縣內的燒酎酒藏，其餘日本各都道府縣，我都造訪了至少一座酒藏，並完成了《日本酒藏紀行》（上下共二卷，光文社文庫）這套書籍。

當時，日本酒業界的發展幾乎已跌落谷底。我自己也常常在造訪一些酒藏後，陷入憂鬱的情緒中。幸運的是我仍然獲得許多與人相識的緣分，只是在聯繫採訪時，狀況卻相當慘烈。常常電話接通後，獲得諸如此類的回覆：

「我們不需要採訪喔！」

「廣告就不用了。」

「要多少錢？」

後來我才知道，當時日本酒業界有不少雖有錢，但內心相當單純的藏元陸續遭到欺騙。

簡直是卑劣不已的行徑。

今日日本酒的酒標已經相當精緻，這全都是因為支持著藏元的友人們用心思考所致。

請各位試著思考不久以前的酒標，在鄉下也許還看似時尚，但到了東京，不少瓶身或酒標設計往往會使人不禁搖頭。對清酒界來說，是個慘淡的時代。

在消費者及生產者間，有一群稱作經銷商的人。雖然不是日本酒業界才有的情況，但這些人往往對消費者及生產者都百般討好，卻同時也在欺騙雙方。

我就在日本酒跌到谷底的時代，走遍了各座酒藏，現在回想起來，也算是一個不錯的經驗。

撰寫日本酒的書可以說是一個令自己欣慰的一件事，我並不打算透過各種關係在這個業界混口飯吃，也不希望別人藉此給我工作。我覺得這樣對自己來說已經足夠。我並不喜歡參加日本酒的相關活動，當我單純抱持著不打算靠人脈混口飯吃的心態前往各活動時，藏元們還是不免靠近我的身邊，都是一些熟面孔。有幾個青年在我撰寫《酒藏紀行》時，都還在父親之下默默地工作著。不過，這些人今日都已經成為日本家喻戶曉的知名酒藏藏元了。

雖然年代有些許差異，但櫻井博志也可說是其中一人。老實說，我為了《酒藏紀行》採訪多家酒藏時，並未見到日本酒業界能有今日的榮景。當時只見一座座搖搖欲墜、連明年的釀造作業該怎麼辦都不知道的酒藏，以及早已年過七十，也差不多該退休的杜氏。剩下的，則是一群雖然回到酒藏，卻徬徨無助的年輕後繼們。

不過，其中幾人則是抱著必死的決心，陷入了必須自行摸索生產酒品的狀況中。

舉例來說，廣木酒造本店（福島縣）的廣木健司先生也是如此。因為高齡杜氏退休，接下來無人可釀酒時，他只認為：「只能自己釀造了。」

時至今日，居酒屋內常聽聞「飛露喜真是美味」等讚賞，但當時廣木酒造卻是因為不得已的因素，讓一個才二十多歲的年輕人背負起整座酒藏的重責大任，自行開始釀造出這款酒品。

順帶一提，「飛露喜」這個名稱則是由日本酒資訊公司「Fullnet」的中野繁先生所命名，他曾替我介紹過多家酒藏，我與櫻井的緣分也是由他所牽起的。

這些事蹟逐漸孕育出了有趣的現象。

最近的藏元接班人不知為何，都選擇東京農大（農業大學）的釀造學系就讀。原本應該進入早稻田、慶應或青山學院等名校盡情謳歌青春的年輕人們，自己明明也無法參與釀造工作，卻被安排至釀造系學習。想必是因為這些人的家長認為，孩子即使無法成為杜氏，至少也能了解釀酒的基本知識吧。接著，讓孩子到大型酒造或批發商工作一段時間，再回到酒藏。對於這些年輕人來說，他們的人生目標並不是成為杜氏，而是繼承酒藏。我在製作《酒藏紀行》時認識的幾個年輕人們，幾乎都走上這樣的道路，近年來漸漸回到酒藏。同時，也有年輕人正面臨了杜氏在下一個年度就可能辭職的狀況。現在回想起來，我是在非常珍貴的機會下，完成了巡訪酒藏。

所以，在那之後又發生了什麼事呢？

杜氏一一離職，卻又後繼無人。

這是因為杜氏大多來自農村或漁村，每個人都是利用農閒期或無法捕魚的時期前來釀酒，同時也會帶著村落的年輕人同行，這些人就是所謂的藏人。而這些農村、漁村，到了今日也面臨高齡化問題而逐漸凋零，這些人文資產也會跟著日本酒的傳統一同消失。

沒有任何選擇餘地，幾乎所有上一代的藏元早已開始思考酒藏是否會倒閉的問題。

就在此時，看了看他們身邊，有沒有兒子呢？不，就算沒有兒子，也還有女兒。今日有不少女性杜氏或藏元，就是因為那時的變化而來。無論男女，大多都進入東京農大釀造系，或是類似的科系學習。

當藏元提議：「你要不要試著釀造看看？」

通常孩子會回答：「不，沒辦法啦！」

「就拜託杜氏教教你啊！」在父親或周遭人們的鼓吹下，這些年輕人開始與杜氏一同工作一或兩季，也如同海綿吸水般，逐漸學會釀造技術。

這是因為這些年輕人本來就有一定的素養。

其實，就算是杜氏，其一生釀酒的次數也頂多二、三十次。但釀造的過程實在過於複雜，在這二、三十次的釀造過程中，哪一次的結果較好、哪一次較不理想，有時候也無從得知。尤其他們並不會像理科學生般，製作實驗記錄，一切都只能靠直覺。

「今年的氣候條件較差。」

「今年發酵過頭了。」之類的。

每一次的釀造過程都只能仰賴經驗值，對於記錄和記憶的區別沒有概念。像會用粉筆在酒桶外記錄的杜氏，就很不簡單了。

而藏元也無法掌握這個情況。

就如同諸位所知，藏元相當於電視節目的製作人，因此完全不了解釀造中發生了什麼事。

「哎呀，今年的酒不錯呢！」

「今年的酒失敗了。」

他們頂多只能擠出這樣簡單的一句評語罷了。

不過，他們的孩子們就不一樣了。這些年輕人可是將釀酒視為一門學問而努力學習，他們會試著將所有事件化為數據。我因《酒藏紀行》造訪酒藏時，光是看到有酒藏將釀酒記錄輸入電腦，就已驚訝不已。電腦內存有去年的數據，以及今年的數據。僅僅如此，當時的我就認為：「太厲害了！」

但是這些孩子們卻認為：「這些步驟是理所當然的吧！」

也就是說，他們可以一一分析哪個部分較理想，哪裡需要改善。這場革命大概從我結束《酒藏紀行》的採訪約四、五年後就開始了吧。

就結論來說，二〇一〇年日本酒的出貨量跌至最低點，現在則開始向上攀升。當然，「獺祭」則走在最前方。

日本酒業界就此徹底地改朝換代。同時，不得忽視的，則是周遭的各種環境。

時至今日，酒藏間的感情仍然不融洽。其實，越是在地的酒藏，彼此的感情就越不好。這道理就等同於出版業界中，也許可以和其他出版社的總編輯交情不錯，與同公司的其他總編輯反而就容易交惡，因為彼此可能是搶奪社長地位的競爭者。

同樣的，即使和隔壁縣的藏元關係不錯，卻和隔壁里鄰的藏元交惡，真是無意義的競爭關係。

不一樣的是，新生代藏元就全都是同學。

他們常常會說著：「這不錯嘛！」互相交換資訊。此外，彼此還會利用郵件交換各自的數據。

這又造就了什麼現象呢？日本酒數據逐漸化為雲端資訊了。雖然在日語中，「雲端」與「藏人」發音相似，但卻是不同的事物。

這真是一項劃時代性的突破。以往只存在個人、或是七十歲老爺爺腦中的資訊，卻經由這群三十多歲的年輕人，彼此連結、交換資訊、腦力激盪，讓日本酒業界整體素質如火箭般突飛猛進。

除此之外，許多新生代藏元們聽到家長安排後常會認為：

「咦，要我去讀東京農大？可是我還想跟青學（青山學院大學）的女孩們交往耶。」

「農大很俗氣耶！」

「就因為如此，」爸爸開口說道：「我打算讓你去國外留學個一年。」

因此，許多新生代藏元都有留學經驗，也擅長英語。
這又引發了什麼效應呢？
答案就是「酒藏進軍海外」。
無論在倫敦或紐約，當地人都以日語發音的「Sake」稱呼日本酒，而日本酒也漸漸成為當地最新潮的飲料。
這就是日本酒的現狀。

在日本這個國家，沒落了二十年後，第一個重新打下基礎，並進軍國外的產業就是日本酒，而執其牛耳的，就是山口縣的「獺祭」。協助日本企業進軍國外的總司令，竟然也同為出身山口縣的安倍晉三首相，沒有比這更巧合的事了。
我認為這是很值得驕傲的事，甚至大力宣傳也無妨。
畢竟日本酒是日本的國酒，總算是再次復活了。
這是一件多麼美妙的事情啊！

第二章

黎明之前

邂逅

我開始回首自己和日本酒的邂逅。

「獺祭」也曾收錄於我所撰寫的《日本酒藏紀行》一書中，就從這一段因緣開始吧！

當時我並不認為這座酒藏會有今日的成就。一九九八年，在我造訪位於山口縣靠日本海側，製作出名聞天下的「東洋美人」酒藏「澄川酒造場」後，才順路前往釀造「獺祭」的旭酒造。

今日重新再看一次雖然有些不好意思，但我仍引用了當時所撰寫的文章如下：

> 今晚要在那與藏元一同用餐，究竟要如何拿捏轉乘時間才會在約定時間前到達呢？
>
> 我啪啪地翻閱著時刻表，其實早已悄悄地安排了幫手，

那就是安部裕治先生。他在島根縣橫田町發起一項復興在地的「綠土水之環境塾」運動，但本身卻是個郵局員工。

「郵局員工一年實際工作時間大約才兩百日，我只是將一般人拿去打小鋼珠的這段空閒，拿來復興在地環境罷了。」他這麼認為。我和他是透過「地酒列車」的聯絡網站上認識的。這次我打算造訪「獺祭」的酒藏，他也說希望能與藏元見面，便決定開車接送我。

然而，究竟要請他在哪裡接我上車，這又成為一道難題了。從島根出發的他，以及從萩再次搭上慢車的我，在行車間以手機互相聯繫，最後在中途一個叫作須佐的車站會合。連自己到底在哪裡都還搞不清楚，我就被他載走。不，正確說來，應該是在萩的一家蕎麥麵店「頑固庵」內，吃了極品山藥蕎麥麵，還搭配了島根地酒「國暉」，害我在車上陷入沉睡，醒來時車子早已抵達周東町一帶，當時還下著滂沱大雨。我們在距離酒藏最近的車站一帶，找到藏元為我們預約的旅館「油屋」，並在稍事休息後見到了本人。

「獺祭」是我長久以來相當憧憬的一款酒品。當「地酒」還沒有如此盛行時，我曾在文京區根津的某家酒館與其邂逅。除了其口味令人印象深刻以外，名稱也一樣讓人難忘。當然，它的名稱源自正岡子規[1]的「獺祭書屋」，但一般日本人實在無法輕易念出其發音。將無法唸出口的文字作為商品名稱，究竟是什麼樣人物所想出來的呢？

我們接著換了地點，改至相撲火鍋店內，而那位坐在我面前的「人物」，其實相貌十分端正嚴謹，外表一樣端莊的夫人則在一旁伴隨著他。這位人物便是旭酒造的負責人櫻井博志先生。我差點就被他宛如老牌店家掌櫃般的相貌所欺，誤以為他是個性格沉穩嚴肅的人，沒想到立刻就翻轉了這個印象。

櫻井一開口就說：「我已經將啤酒送到你們下榻的旅館去了。」雖然感激他的心意，但「獺祭」明明就是日本酒，為何卻變成啤酒了呢？

「這是今年才開始釀造的啤酒，叫作『Otter Fest』。」我聽了不禁噗哧一笑，這不就只是「水獺祭典」的英文罷了嗎？然而，我進一步詢問櫻井對獺祭進軍在地啤酒市場的策略後，立刻讚嘆不已。

「其實這是酒藏利用閒暇時期製作的產品。我們只在夏季出產啤酒，因為這正是酒藏最悠閒的時期。」

藏元將自己帶來的酒倒入杯中。這款酒為純米吟釀23%，酒米為山田錦，使用九號酵母。以傳統釀造而言已

1　日本知名俳句詩人，也是引進棒球到日本的先驅。

達到一個境界。然而，味道本身如何呢？是否會破壞我對「獺祭」的美好想像呢？我十分地緊張。

剛入口時並沒有什麼感受，但一下就能感覺到擴散於口中的那股細緻旨味。不過，這股美味又在轉瞬之間消散了。這到底是怎麼樣啊！與其說是驚訝，不如說我覺得相當慚愧。不應該釀造得出這種酒吧？這種酒根本就超越一般酒藏的極限了吧？毋庸置疑地，在我這麼想時，我的感官也充滿了喜悅。

「『米全都從網子裡倒出來了沖洗了嗎？』[2]其實起初只打算以25%為目標，但還在研磨期間，我人在東京，卻聽聞已有24%的酒出現，於是我在新幹線車廂內就立刻打電話回酒造，要求他們『不要停下來，繼續研磨』。」

哇，我好久沒有遇到如此相談甚歡的對象了。雖然這段故事讓我不知道真實性有多少，但這些過程也確實化為實際成品了。

我開始感到微醺。搭配這款23%酒品的佳餚，不是紫萁菜，而是牛百頁[3]，是牛內臟中重瓣胃的部分。我想一定有人看到這裡，會怒吼著說：「拿超級吟釀來搭配也太浪費了吧！」但這也是櫻井的精心推薦。也許他正是想表達，23%酒品拿來搭配風味如此濃烈的菜餚也毫不遜色吧！不過，果真如此。就算是再美味的極品內臟肉，這款美酒也絕不讓其專美於前。

雖然這座酒藏歷史長達二百三十年之久，但現在的藏元家族繼承至今也僅八、九十年光陰，目前的負責人則是

2 酒米會在洗米步驟開始前完成研磨工序，遇水則無法再回頭繼續研磨。

3 兩者在日語中讀音相近。

第三代繼承人。

「繼承酒藏之前，我其實在做其他生意。在當時的工作領域中，看了商品再買是理所當然的情況。不過，酒卻不一樣，光是靠業務推銷就能買賣，這著實讓我吃了一驚。若不在乎酒的味道就囫圇吞棗，不就只是販賣給酒精中毒症患者的解藥罷了嗎？」

於是，櫻井決定以「獺祭」之名為起點，展開一場釀造美味酒品的挑戰。說到這個，那多年以來讓我不解的名稱之謎又是如何呢？「你說名字啊，是從這裡取出來的。」藏元指著名片中的地址說道。酒藏位於周東町獺越，日語中發音為「Osogoe」。一旦知道原因後，就會發現這其實沒有什麼大不了的。

我倒是較驚訝於周東町這個地名，「周」為「周防」的周。原來是這樣，過去這裡竟然不屬於長州藩[4]啊！雖然發現這件事讓我有點遺憾，不過我轉念一想，現在這些地區都同樣屬於山口縣的範圍就是了。

其實從開始微醺時，就已偷偷在內心中將幾位藏元比喻為日本的維新志士，如推出「東洋美人」的澄川先生，其激昂性格有如高杉晉作；而櫻井先生則如桂小五郎般，擁有既瀟灑又剛毅沉著的姿態。正是因為如此，我才非常希望將這兩人的酒藏都列入過往長州藩的地理範圍內。

伴手禮是人家專程送到旅館來的，不嚐嚐看就太失禮了。「既然如此，只好隔天一早再喝了」自顧地這樣說著的同時，我沉浸於至今喝過最美味的在地啤酒「Otter Fest」中。[5] 隔天早上前往酒藏拜訪，宛如其名「旭酒造」般，這

4 長州藩為日本江戶時期行政區名稱，大多指「萩藩」為主的地區，但今日則將過往周防山口藩與萩藩統稱為長州藩。

5 作者仍不自覺地品嘗起「Otter Fest」。

座高雅的酒藏就位於朝陽灑落的柿子樹旁。我到達時，酒藏正開始蒸米作業，而冷卻機也正努力運作著。我獲得允許進入麴室，當時藏人們正使用麴箱作業中。一旁堆放著較小的「麴蓋」，但他們表示現在已不再使用。

「常聽聞有些酒藏只有出品酒[6]才會以麴蓋製麴，但我們不會做這種把客人當傻瓜的事。」

沒錯，我昨天就注意到了，藏元的語氣聽來溫和，但化為文字後卻看起來相當強烈，越來越有桂小五郎的樣子了。

然而，這一趟旅程最讓我驚訝的，就是最後進入酒槽室的時候了。裡頭的酒槽並不大，而且還加裝了溫度控制功能。一般來說，只有吟釀酒才會用到這種酒槽。藏元看著我左顧右盼，不斷尋找巨大酒槽的模樣，開口說：

「我們只採用這種酒槽，這些酒槽裡裝的全都是研磨掉50%以上的吟釀。」

看到我一臉狐疑，他繼續說：

「其中有九成都是特定名稱酒[7]，而在這九成當中，又有85%的酒都銷到其他縣市了。」

原來在日本中心地帶造成一股旋風的「獺祭」，其真面目就在我眼前。我朝著剛完成「初添」[8]的酒槽內一探，裡頭裝著精米度50%[9]的山田錦，搭配九號酵母釀造。光聞到剛釀好的酒的香味，我就感到沉醉。不，我應該是沉醉於這座酒藏的偉大實驗之舉吧。

6 供評鑑用的酒，非市面流通用。

7 日本國稅局將酒分為普通酒及特定名稱酒兩種，其中特定名稱酒分成純米酒系、本釀造酒系兩種，普通酒則為其他清酒。

8 酒醪的釀造會依據初、仲、留三個階段投入原料，第一階段的步驟稱為「初添」。

9 釀造用酒米在研磨過後，占原本糙米的比重，如精米度60%即代表此批糙米已磨去四成。

走回主屋的路上，藏元持續向我解說，也讓我更加了解。酒藏之所以全採用山田錦釀造，是因為一旦失敗時，山田錦是最容易調整回來的品種。而所有產品皆為吟釀酒，則是因為將商品一致化，反而較便於管理。雖然這些現象其來有因，但能實際化為行動的酒藏卻少之又少吧。

到了藏元的起居室，我又再次品嚐起各種酒，並比較了純米吟釀50%與45%的不同。品嚐後，也顛覆了我原本認為無法分辨出些微差異的想法。這兩種酒完全不同，50%的純米吟釀味道較厚實，同時輪廓鮮明；45%則較為圓潤，卻也具紮實口感。這兩種酒的四合瓶[10]裝分別僅販售一千二百五十日圓及一千九百日圓，因此能夠暢銷。接著，藏元又戲謔似地說：「酒這種東西花在業務和裝瓶上的成本相當高，尤其吟釀生產量少，裝瓶成本又更高了。如果能像我們一樣，全都生產吟釀反而能壓低單價。至於業務成本，大概就只有我喝掉的酒了。」

不過，這裡距離日本的中心地帶那麼遙遠，完全不跑業務，要怎麼建構起銷售管道呢？聽到這個疑問，社長竊笑了一下，回答：

「因為拯救我們的神出現了啊！只要讓消費者知道我們的產品名稱，這個管道就能幫我們送出商品，那就是黑貓宅急便。」

但我必須要發誓，之前我曾撰寫過「以宅急便造成日本酒業界革命」的說法，真的是我在萩這個地方時所想，並不是聽到櫻井這麼說才產生的點子。

至於所謂的「以宅急便造成日本酒業界革命」，我也引用相關內容如下：

10 日本的計量單位，每合約等於180 C.C.。

走遍全球各大戰亂地區，會發現ＣＮＮ等媒體是促進現代史的一大動力。因為新的媒體報導方式，讓各地距離急遽縮減，而原本僅在腦中的想法，也因此產生了爆炸性的結果。因蒸汽船的發明，導致幕府末期交通方式的進步，也是一樣的概念吧。更進一步地說，過往與日本中心地帶毫無瓜葛的地區小酒藏，則在這幾年間引進了突破性的銷售管道，也就是宅急便。宅急便的出現，讓這些胸懷大志的酒藏開拓了一條前往中央的道路，也因此讓日本酒業界產生了有趣的變化。

正當我沉浸在自己理論正確的喜悅時，藏元卻說：

「不過，最重要的還是執意去做的決心吧。機會是平等地降臨在每個人身上的。」

接著，他又靜靜地補充道：

「關鍵就在於意志。」

回神過來，我已經站在酒藏外了。外頭的風呼呼地吹散一地紅葉。

聽著風聲，我不自覺感到顫抖。這不只是因為我抱持著輕鬆心情到了長州地帶，卻意外發現自己邂逅了一號人物。更是因為我有預感，不久的將來，日本酒的志士們將會刮起一陣旋風所致。

自己重新看了一遍後，也感到訝異。

二十世紀即將結束時，就已出現宅急便與網路將會引發一波革命的說法。我也因此發現，櫻井的視野究竟看得有多遠。而當時我對日後演變為痛苦失敗經驗的啤酒產品還高談闊論了一番，時至今日，才能笑著輕談。

那麼，前言就談到這為止。這座酒藏實在太有韻味了，值得我用這麼多篇幅撰寫前言。

「獺祭」漫長的故事就此展開。

山間的小巧酒藏

應該所有現代人都會納悶，為什麼酒藏要建造在這座有如水獺翻越山頂處的山中？

要釀造出好酒，首先就需要好的水源，而運送米也需藉由水路。我雖然不認為酒藏旁的河川適合用來運送米，但多數的酒藏都會建造在運米船隻可到達的河邊。

諷刺的是，這樣的環境對於今日快速發展的「獺祭」來說，也許反而是座屏障。

今日的酒藏為櫻井的前兩代負責人所購入，第一代負責人原本在山口縣光市經營酒藏直營店鋪。

二戰結束後，櫻井的父親從中國返國，成為酒藏的第二代負責人。根據櫻井的說法，他父親除了提過自己戰爭期間曾待過滿州外，其餘事情隻字未提。

那是一個非常需要酒的年代。

年紀不到三十歲的年輕當家將過往「櫻井酒場」之名改成旭酒造，並將產品名稱命為「旭富士」，也許是希望酒藏可以如旭日東升般發展吧。

當時的產品大多只在當地販售，而該地區主要從事的產業為林業，人口也僅有三千多人。從獺越越過山頭往北約四、五公里處，有條三瀨川，是當地買賣盛行之處，相當繁榮。旭富士在這個商圈內沒有競爭對手，生意還算不錯。

當時，小地方的酒藏要賺到錢，往往會貼上「灘」或「伏見」[11]酒

11　灘位於兵庫縣，伏見則位於京都府，皆為以釀酒知名的地區。

廠的酒標販售，也就是所謂的「桶賣」[12]因直接以整桶裝的酒賣給大型酒廠，故有此名稱。但現在規定酒標上必須註明原產地，早已無法這麼做了。事實上，地方小酒藏也托這種桶賣生意的福而得以生存。但旭酒造並未從事桶賣生意，卻仍舊賺錢。

櫻井說：「家父從來沒有自己繫上圍裙販售酒過。當時國內正在調整各產業生產量，因酒米須透過配給取得，所以可以釀造的酒量也受到限制。即使如此，產品仍然暢銷。」

旭酒造的酒相當美味，在當地的競爭當中脫穎而出，逐漸成長為大型酒藏。然而，社會不斷在變化。準確地說，是貨物的流動方式產生了改變，櫻井隨後也注意到了這點。

一九七三年，全球發生石油危機。

當時各地區至中心地帶的物流尚未發達，反倒是灘或伏見等地的大型酒商將商品陸續銷售至地方。日本酒市場被大型酒商佔據了一大部分，許多小酒藏卻得分食剩下的市場。此時，批發商也介入市場，開始陷入兩瓶裝、三瓶裝，甚至是附帶贈品的折扣戰，演變成一場低水準的競爭。

「父親應該已經確認自己也無法在競爭中勝出，畢竟本身缺乏對酒商的業務往來，毫無勝算。此外，酒藏因擁有山地，父親同時也身兼森林工會理事長。相較於前景不看好的酒藏，與各森林工會理事長一起組織的活動反而較得心應手。」

櫻井的父親身為地方知名仕紳，卻開始轉向森林工會尋找自己的存在價值。

「父親自從五十歲起，每天只出席酒藏的朝會，之後什麼工作都不做。一開始還會待在辦公室內看看報紙，但不知何時開始連辦公室都不待了，出席完朝會後，就前往森林工會辦事處，直到傍晚才回到酒藏，大概五點就開始喝酒。而且，當時他開口閉口都絮絮叨叨地唸著

12　當時小型酒藏會生產日本酒供大型酒廠混合自家酒後販售。

村子內的政事或工會的事情。」

正如同先前所說，所謂藏元就是電視節目的製作人，有沒有在現場都沒關係，只要有導播、工作人員在，就能順利製作節目。而酒藏的工作現場也是相同道理。

酒藏仍然正常運作，但卻已逐漸喪失其精神。

「父親當年真的什麼都沒做。我今年六十三歲，仍然從早工作到晚，一有差錯，還可能工作到深夜，為什麼我們的差別這麼大呢？」

但這都只是每天的固定工作而已。

當酒米收割完成時，杜氏會帶著藏人們到酒藏開始釀造作業，而銷售員則會負責販售釀造完成的酒。其中，藏人約有五至六人，業務共五人，裝瓶由一人負責，其他還有五、六位兼職女性。

櫻井從小就一面看著父親的工作長大。

櫻井從大學畢業後，便進入位於灘的大型釀酒公司「西宮酒造」

（今日的日本盛株式會社）工作，這也是身為藏元之子的必經歷程。然而，櫻井並未畢業自農大釀造系。前篇我曾提過日本酒今日之所以會成功，是多虧了一群農大的年輕人，但櫻井並不屬於這一群人。但這也證明，他擁有異於常人的能力。

雖然酒藏繼承人大多會先進入其他酒藏工作，但櫻井並未告訴公司自己老家也是酒藏。

「不過老家是酒藏這事情一下就曝露了，因為我進公司一年左右決定結婚，必須邀請公司主管參加婚禮。」

櫻井的同事中，也有人和他一樣出身自山口縣，也同為酒藏繼承人，這些人一進公司就被分配到釀造部。而公司並不知道櫻井也是酒藏繼承人，便將櫻井先分配到業務部門。對於當時的釀酒公司來說，業務遠比釀酒還要重要，每家公司都需要可以提升營業額的超級業務員。

大型酒廠往往會大量錄用當年大學應屆畢業的員工，並分派至日本各地推廣業務，尤其正值大型酒廠競爭激烈之時，酒廠的業績年年都可成長約一成，即使是年營業額幾百億日圓的公司也是如此。由這番榮景就可看出，日本正處於經濟高度成長期。

櫻井的業務範圍位於群馬縣。

「我其實是個非常糟糕的業務員，因為我的個性很不擅長推廣商品。我只要一認定對的事情就會直接去做，卻不擅長看周遭人的臉色。」

櫻井在西宮酒造工作三年，就決定辭去工作。

「我到現在都還記得這件事。」

櫻井苦笑著說：

「哎呀，這些小事現在看來是有點無聊啦。總之那時一些鄉下的小批發商起了紛爭，我被捲進去後，就被客訴了，對我來說也並是什麼大不了的事。只是到了東京的辦公室後，所有人都故作鎮定地盯著我，彷彿在說『那傢伙發生失誤了。』但我很清楚事情的來龍去脈，並不認為自己有什麼失誤。也因此讓我認為『無法繼續在這樣的單位工作下去了。』」

之後在日本酒界中始終孤狼般奮鬥的櫻井，這段逸話插曲果然像是他的行事風格。

於是，這一匹狼就此野放。

一九七六年，櫻井已在酒藏工作。不過，當時他和仍為負責人的父親相互對立。倒也不是因為櫻井不適應故鄉，畢竟他也是獺越出生的孩子，更在此地生活至小學六年級。

「大概在我小學三或四年級時，我的雙親不合，母親就這樣離家了。因為雙方的說法有所差異，我至今都不知道究竟發生了什麼事情。我的生母今日仍然健在，但她其實並未與父親離婚。不管當時男方怎麼說要離婚，因為女方堅決不在離婚證書上蓋章。即使他們長時間分居，直到父親過世，戶籍上卻依舊沒有離婚。」

之後，櫻井的父親迎娶了新一任妻子，櫻井也因此到廣島的親戚家度過國、高中時期。這段日子對櫻井的人生產生極大影響。

櫻井與身為詩人的叔叔同住，而這位叔叔和以《原爆詩集》聞名的詩人峠三吉也是朋友。從這些背景看來，也不難想像櫻井與叔叔間都有著什麼樣的對話了。櫻井習慣質疑權威的個性，也許就是因為正值青少年多愁善感時期，又生長在這樣的環境所致。此外，與櫻井的老家不同，櫻井的叔叔和嬸嬸都是美食家，對食物相當講究。而櫻井的思想也經常從叔父、嬸嬸和朋友的交談內容中得到啟發。

從這樣的成長背景看來，在櫻井眼中，在獺越釀酒的父親不過就是個鄉下人罷了。就算是釀酒這麼一件事，櫻井也有了不少想法。當時旭酒造的銷售額已不如高度成長期般急速上升，甚至逐漸開始下滑。不少員工卻也認為只要每天重複相同事情，就能得過且過地度過每一天。不過，一旦日本酒的熱度開始下滑，銷售額一樣也會逐漸走下坡。

而櫻井的父親卻沒有解決方案。

「在父親那個年代，酒藏和批發商的交易量並不多，產品大多會直接送到專賣店販售。請回想看看以前的叫賣小販，當初我們酒藏就是如此，派出四個銷售員，將商品擺到小卡車內四處送貨。如果是小鄉鎮的專賣店，大多是那個家的男主人負責經營，而大城鎮的專賣店老闆則多在農會或公所工作，由太太或母親持店。當店家老闆將自己視為經營者，就會認真銷售，並與比旭酒造更大的酒廠合作。因此，旭酒造的業務只能鎖定較小的店家，往來也較為輕鬆。如此一來，這些店家也不太會在意酒的品質，只因為我們常去拜訪就向我們訂貨。」

在這樣的環境中，酒造間的削價競爭也開始出現了。也是因為這樣的競爭，導致日本酒業界作繭自縛。這些廠商開始在已經不算大的市場中廝殺，買幾瓶就送一瓶等情況也層出不窮。而這般情景對批發商來說則是不痛不癢，但卻會對酒藏的營運帶來負面影響，旭酒造也被捲入其中。

「從某個時候開始，同業就展開強烈的削價競爭，例如買一瓶就優惠三十日圓、買十瓶還會再送兩瓶等。這樣一來，就算是再怎麼忠實的客戶，也會去買對方的酒吧！」

櫻井雖已見識過外面的世界，見到這樣的競爭也感到驚訝不已。

「父親認為與其改善些什麼，不如努力去做，業績就會成長。只要我說出『如果這麼做應該也不錯』、『酒的品質如何』等意見，父親就會覺得自己遭到批評而生氣，甚至責罵我『只不過在大型釀酒公司工作個三年的小毛頭，是懂什麼！』」

櫻井和繼母的關係倒是不差，但他的父親相當自負，並認為能撐起酒藏，都是自己的功勞，因此櫻井常與父親起衝突。此時若在兩人身邊的是櫻井的親生母親，就會介入雙方間動之以情，擔任潤滑劑的角色，而繼母就會有所顧慮，不敢干涉。

雖然這家酒藏未來應該由櫻井來繼承，他卻決定離職。

「其實也沒有發生什麼足以成為導火線的大事件，就只是我們在各方面都不合。最後大概又是因為一些瑣碎的事情起爭執，他對我說了『你明天起就不用來了』，而我也態度強硬地說『這樣啊，好。』」

在父親的眼中，這應該只是單純的父子吵架罷了。沒想到，隔天起櫻井卻真的沒去工作。

櫻井以為自己被開除了，父親卻說沒有真的打算開除他。不過，櫻井確實也不去公司了。在這樣詭譎的生活中，酒藏的銷售額卻也持續下滑。

想必父親內心是認為「那傢伙臨陣脫逃了吧」，雙方的關係也惡化到難以修復。

櫻井開始自己做生意，還轉到完全不同領域的石材產業，並開了間叫做櫻井商事的公司。

因為櫻井妻子的親戚從事這一行，櫻井認為自己應該也做得到。石材產業是一個相當原始的產業，簡單來說，只要將石頭從右移到左，就能換取金錢。櫻井以二十萬日圓買了一台中古貨車，自己開車到產石場，再將石頭運給客戶，工作相當單純。漸漸地，普通的貨車變成了二十噸卡車，又換成四十噸卡車，公司也開始招收員工。不知不覺，公司的年營業額就已經超越兩億日圓。

「毛利約有20%，也就是四千萬日圓左右。就算扣除各方支出，也算賺得不少。對當時的我來說，那大概是人生中最有錢的時期了。」

雖然櫻井辭掉酒藏的工作，但其實住家就在老家的隔壁，與父親間並不是毫無往來，雙方還是知道彼此的現況。想必酒藏的員工們也會認為「少爺的生意很賺錢」吧！

「你爸爸喊著肚子痛，一直在休息。」一九八四年剛過完新曆年沒多久，繼母對櫻井這麼說。於是櫻井便強行把父親帶到醫院去。

結果發現父親得了癌症。雖然父親的飲酒量增加不少，但無法確定是不是罹病的主因。不過，父親經營酒藏也確實是相當辛苦。

「即使在他離世前，我們的關係都還是不好。就算我去醫院探病，他只要一看到我的臉，表情就立刻冷了下來，還一直待在角落。與其說他憎恨我，應該說我們都不知道怎麼面對彼此吧。」

三個月後，櫻井的父親就離世了。守夜當晚，酒藏正要將剛榨好的酒進行裝瓶作業，當員工到靈堂來時，開口詢問櫻井：「裝瓶作業要怎麼辦呢？」

其實櫻井早已和酒藏沒有關係，但若置之不理，酒的品質也會劣化，只能繼續裝瓶。

「架起帆布吧，不要讓來靈堂的人看到。」櫻井下了指令，就在這個瞬間也象徵了他確定繼承酒藏。

「我如果不繼承酒藏就離開，一定會後悔一輩子，覺得有所遺憾吧。當然我也希望可以靠自己的力量重振酒藏，讓父親看看我的厲害之處。」

繼承旭酒造

先稍微提一下我個人的情況。我從出版社離職，打算只靠一支筆養活自己時，正值三十五歲。當時感到相當恐懼，宛如從高高的懸崖上，什麼都看不見，卻要往下跳般。沒有實際經歷過，無法理解這種感受。而櫻井做了重大決定時，正巧跟我當年一樣是三十五歲。

不過，我當時孤家寡人一個，只要顧好自己就行了。但櫻井底下卻有員工要養，還要守住相當龐大的資本。雖然他轉職石材產業相當成功，從小也在酒藏中長大，但毫無經營酒藏的經驗卻要來繼承酒藏，這需要多大的勇氣啊！而且繼承酒藏才過了三十年，就能發展出如此榮景，也令我訝異。尤其當時旭酒造的狀況還相當嚴苛。

一九七三年，旭酒造出產了兩千石（以一升瓶裝計算則約有二十萬瓶，一升瓶為一．八公升）的酒，但櫻井繼承時產量僅剩下七百石，十年間竟然僅剩下當初的三分之一，比起前一年度，也減少了15％之多。這種情況已經不能說是逐漸下滑，而是急速跌落了。然而，業務方面卻依然陷入削價競爭中，這般光景也出現在日本各地的酒藏。而這樣的惡性循環，甚至讓日本酒產業跌落地獄。我走遍日本各座酒藏時，日本酒業界就處於這樣的景氣中。

所謂的地酒，並不會受到居住於都市的愛飲者所喜愛。其實，地酒就是用來搭配在地料理，並受到當地人的歡迎。旭酒造的產品銷售範圍約為酒藏周圍半徑五公里的地區，這個地區的居民也僅有三百人左右，但旭酒造的地酒在這個地區又不受在地人的青睞。

「我在自己孩子的小學擔任家長會會長時，學校統計資源回收的物品中，光一升裝的酒瓶就有兩千瓶左右，但其中只有兩三瓶貼著我們酒藏的標籤。當地人對我說『我有喝你們家的酒喔』，但看到這些回收物就了然於心了。」

那麼，將銷售範圍擴展到附近城鎮怎麼樣呢？屆時畢竟會與既有市場的酒藏展開一場折扣戰，但勢必無法贏過原本就深耕當地的酒藏。

「畢竟大型酒藏還是比較強勢，而像廣島的『千福』就是這一帶的國民品牌，生產量大約將近十四、十五萬石。雖然我們和他們產品價格差不多，但他們有刊登電視廣告，知名度就一定比較高，也成為了當地的知名酒藏。」

廣告播出比例極高的酒，如「大關」或「月桂冠」等，都已成為全日本的知名品牌，但當時仍屬於在地酒藏較強盛的年代。

這是一場毫無勝算的戰爭。

酒藏的銷售員每天都將酒擺上小小的一噸貨車上，四處造訪縣內的專賣店賺取訂單。即使努力在地方銷售，一天的營業額也沒有多高。

「他們確實很努力工作，但明明競爭日益激烈，繼母及員工們卻都只認真做一樣的事情。自家的商品顯然不暢銷了，卻絲毫不思改變，每個人都持續相同的工作。」

櫻井毫無預警地繼承了酒藏，也不得不延續原有的工作方式。

不，應該是說也沒有想過其他方案。

再這樣下去，酒藏遲早會倒閉，但公司內卻絲毫感覺不到任何緊張情緒，也讓櫻井感到不可置信。

「我們的社長擁有很多山地，所以酒藏不會倒閉的吧！」當櫻井聽到這番言論時，也啞口無言了。原來是這樣，這些人就是認為老闆家族很有錢，所以打算一輩子做相同的工作。不過，櫻井早就看過外面的世界，認為不能這樣下去。不能帶著員工一起走上絕路。

「繼母和員工們都很認真工作，對他們來說，越努力反而就越輕鬆。因為只要努力就能逃避現實，不需要思考商品賣不出去的原因。結果，他們拿著過去一直賣不出去的酒，到過去一直銷不出去的客戶那拜訪，並用過去一直賣不出去的方式銷售。」

只有櫻井一人看到酒藏即將步入地獄。

只有自己看得到前方的地獄，這是多麼恐怖的一件事啊！周遭越沒有人注意到這個現實，就越是加深櫻井的苦惱。

周圍的人都對櫻井投以期待，但他也沒忽略其中也有人冷眼看待。大家都知道櫻井投身石材產業後業績不錯，因此也有人期待櫻井也可以創造相同的業績，提升整體環境。然而，卻沒有任何人打算改變什麼。

「社長，您也做點甚麼吧！」各方的期待接踵而來。櫻井也沒辦法找人求助，只能自己思考。櫻井決定奮發努力，但卻得到員工這番回應：「因為我們的酒沒有附贈品，才賣不出去。」櫻井決定附上贈品試試。不過櫻井卻注意到，和資本雄厚的大型酒藏採取一樣的行銷策略，最終只會流於消耗戰，絕對無法贏過大型酒藏。這些員工的建議，只是代表自己的業務能力不足罷了。

那麼，又該以什麼決一生死呢？

櫻井開始認真起來，並認為改善釀酒方式或口味前，必須先改變產品的銷售方式。不過，此時的櫻井和日後的他做法並不相同，希望各位可以先了解。

櫻井漸漸無法負擔石材產業的工作，由妻子負責接石材的訂單，並分配司機送貨。

「因為酒藏無法賺錢，只能從石材公司這邊調錢過來支付酒藏員工的薪水，所以妻子也說『是我支撐起酒藏的』。」

櫻井至今都覺得虧欠妻子很多。

我問櫻井，既然生意差到這個程度，乾脆不要繼承酒藏，繼續做石材買賣就好了吧？櫻井聽畢，帶著他一貫的笑臉回應：

「不管再怎麼不賺錢、再怎麼辛苦，還是釀酒最開心。」

是不是到了今天，才說得出這句話呢？我並不清楚。不過，櫻井當時一定也有相同的想法，才會選擇這條險峻的道路走吧。

之後一段時間，都靠著櫻井商事銷售石材的利潤支撐酒藏。但這畢竟不是長久之計，櫻井與妻子的孩子也還年幼，他看著孩子天真無邪的睡臉想著：

「一定得做點什麼努力。」

櫻井曾經在石材產業上成功獲利，此時也開始思考如何重振酒藏。

於是他們開始生展紙盒清酒。

雖然現在在超商等處都能見到紙盒清酒，但當時這種一升的紙盒裝產品大多鋪貨於郊外公路旁的大型酒類量販店，價格相當便宜，吸引眾人矚目。

其中，佔據暢銷榜前幾名的，則是灘及伏見等地的大型酒廠商品。

櫻井將目光瞄準於這一塊市場，若以公司目前的資金運用，應該能引進半自動充填機。

不過，也會有一些問題浮現。相較於一般的瓶裝酒，紙盒清酒充填所需的人力僅為六分之一，自然就會出現人手過剩現象。有些員工來上班卻沒有事情可以做，令經營者感到尷尬。既然如此，櫻井也希望多少讓員工有事情做，若又能讓盒裝酒賣出去就已經感到萬幸了。

酒藏後來引進了充填機，也生產了紙盒清酒。

櫻井特意只放了一部份的商品到銷售用的貨車上，他不希望員工慢吞吞地販售商品，畢竟旭酒造已經落後太多了。

「只有這些可以賣，把這些賣出去吧。」

銷售員出現了幹勁，因為櫻井已斬斷他們的退路。

這種方式竟然讓商品賣得更好。一大早，貨車就載著紙盒清酒外出銷售，才剛過中午就賣個精光。

真令人感到不可思議，也讓酒藏開始活絡了起來。櫻井更因此得意了起來，決定接下來採一樣的策略銷售，並打算生產紙杯（一合）裝的酒。不過，這種容量的充填機卻相當昂貴，需要一千萬日圓以上。櫻井決定研究看看能不能自行製作，發現用熱氣能將鋁製蓋子固定在內層有防水耐熱樹酯的塗層的杯子上的原理。櫻井靈機一動，既然是用熱氣固定，那是否也能用熨斗加工呢？實驗過後，發現確實可成功加工。

「去買熨斗回來！」

酒藏進了幾台便宜的熨斗，並將其交給裝瓶處的兼職人員。熨斗真不愧是這些兼職主婦平常常用的工具，她們都能熟練地充填好這些紙杯。這款商品也賣得很好，甚至盒裝酒和紙杯酒的出貨量一度占了所有出貨量的兩成之多。

然而，這種策略畢竟還是贏不了以量取勝的大型酒廠。需要人力的酒藏終究無法和大型酒廠匹敵。最後，收入仍然無法打平，只好結束這個策略。

一些員工過去到了公司後，就開始抱怨沒工作可以做、好無聊等話，結果一旦忙了起來，就一個一個辭掉工作了。

酒藏變得有點冷清，但身為藏元，卻沒有辦法辭職。

杜氏的世代交替

前面曾經提過，藏元是製作人的話，杜氏就是導播。旭酒造中七十歲後半的杜氏和四位藏人，出身自山口縣光市及熊毛郡。其中更有八十多歲的藏人。在酒藏工作，其實必須面對許多風險。尤其員工必須爬到高處，酒槽內又沒有氧氣，一旦跌入其中，肯定會沒命。

高齡化是相當嚴重的問題，該如何讓員工進行世代交替呢？櫻井四處尋找，終於有人為其介紹一位大津杜氏，他在廣島稍大型的酒藏內擔任杜氏。他的據點同樣也位於山口縣內，但是靠日本海測的舊大津郡一帶。一般來說，杜氏多出身農村，並於農閒期至酒藏幫忙，但大津杜氏原本則是漁夫。因冬季海象不佳，無法出海捕魚，便改以釀酒賺錢。

櫻井接任藏元的那年秋天，他在未經測試的情況下更換杜氏。這件事在我看來，實在相當大膽。一開始，新人在原本的杜氏之下擔任藏人領導，並觀察其工作的模樣，逐漸學得技巧後，便上任開始釀酒。這時，櫻井對於釀酒實在還不夠了解。

當時櫻井年約三十四歲，而杜氏則是四十二歲。以酒藏沿革而言，的確年輕化了，但技術面又如何呢？這卻是一個未知數。

對酒藏來說，記載於紙本的紀錄就是唯一的數據資料。就像之前提過的，當時並不像今日的年輕藏人，不會互相交換資訊，大家都是根據原本的紀錄，維持每一年的釀造工作。而當時的杜氏在酒精濃度上填了二十度，就這樣回到家鄉。不過，實際測量後發現酒精濃度僅有十九度。

日本酒在出貨時，會兌水調整濃度，將十九、二十等較高濃度調整至十七、十六或十五度。這些數據必須全數交由日本財務省管理，以收取酒稅。因此，酒精濃度的申報是相當重要的工作，也與實際可出貨量息息相關。

一旦酒精濃度有所差異，就會讓帳簿上出現落差，導致實際庫存與帳面上的庫存不符。稅務省更是相當慎重看待這個紀錄，一旦落差過大，就會認定酒藏有問題，這也是相當基本的常識。櫻井回想道：

「我想那個人與其說是用頭腦在做事，不如說根本就不具備基本的釀酒技術。」

然而，櫻井是這方面的外行人，無法對杜氏說三道四。甚至根本不了解釀酒技術等細節。

「是我太天真了，即使發生這個問題，隔年一樣請同一位杜氏來工作。」這是外行人在不了解下才會犯的可怕問題。

在這位杜氏工作期間，櫻井又有了驚人創意，就是提出釀造大吟釀的建議。

「酒藏原本只負責製作一級、二級普通酒，再將做好的酒銷售出去，卻從沒想過要釀造美味的酒。不管做了多少普通酒，賣不出去就是賣不出去，既然如此，不如試著釀造美味的酒吧！」

研究過後，發現準備較少的原料，又要能釀造出高品質、高利潤的酒，就非大吟釀莫屬了。從結果看來，這個直覺的確準得可怕。不過，考量當時的狀況，我只覺得這是有勇無謀的方案。

何謂大吟釀？

喝下日本酒後，舌頭會感受到的雜味（對我來說，這其實就是「味道」而已）來自米外側的蛋白質。米外層削除越多，釀出來的酒味道就越澄淨。磨除了多少就是以精米度表示。大吟釀意指使用磨至50％以下的酒米釀製而成的酒。

杜氏很排斥櫻井的想法，畢竟大吟釀的製造過程必須仔細小心。

「老闆，沒必要做大吟釀啦。」

然而，櫻井在這件事情上一步也不退讓。

雖然不甘願，杜氏還是得製造出大吟釀，但那卻是糟糕的商品。

「原來如此，大吟釀這麼難製造啊。」

櫻井這時才注意到這點。但也就是注意到了這點，才能創造出日後的「獺祭」，就某個角度來說也真是諷刺。櫻井試著比較其他酒廠生產的大吟釀後，發現：

「真好喝。」

但為什麼這麼美味呢？他詢問了杜氏後卻只得到這番回應：

「太困難了。」

「釀造這個太辛苦了。」

櫻井這時才察覺，這個杜氏根本就搞不清楚何謂大吟釀。叫他們做出自己根本不懂的商品，當然做不出來。既然如此，他只能相信自己的舌頭了。

此時，櫻井腦中引發了一場革命。

他決定將情況從「杜氏擁有釀酒的權限」轉變為「由藏元決定味道」。也就是說，他將自己變成了「球員兼教練」的地位。

從此之後，製作人也握有導播的權限，只相信自己的味覺，更將自己酒藏命運寄託於自己的舌頭上。

也就是在此時，旭酒造至今的體制也才終於底定。

要是櫻井此時沒有失敗過，大概也不會出現今日的「磨二割三分」吧。

對於整個日本酒業界來說，櫻井在吟釀製造的失敗經驗，也許是相當珍貴的一次失敗吧。

「沒想到竟然賣出去了」這個難喝的大吟釀竟然賣得出去，讓櫻井相當困惑。當初因為放著不管也不太好，便未經加熱殺菌，以300 ml為單位的生酒進行販售。酒藏直接販售這樣的生酒，還是山口縣的第二遭，甚至登上當地報紙及電視新聞。也是托了媒體報導的福，一瞬間就賣光了。

「這種酒竟然賣掉了三個酒槽那麼多，真是不可思議。不過，生酒有其特殊的味道，有很多人沒有喝過生酒，因此不少人喝過後覺得

『雖然搞不太懂，但好像也稍微理解生酒的味道了。』」

此時，櫻井除了遭遇到失敗外，也學到了一個經驗，那就是商品上了媒體後，會造成多麼驚人的效果。

然而，登上媒體後還有另一個效益出現了。有座叫做旭酒造的酒藏，正缺杜氏而苦惱的傳聞在釀酒業界傳開。

因此開始有人為旭酒造介紹杜氏。

食品工業技術中心的人覺得旭酒造這樣下去實在太可憐，便介紹了一位技術不錯的但馬杜氏（以兵庫縣為據點的杜氏集團）。

實際上，這一位杜氏日後也的確引發了奇蹟。他進入旭酒造後，共十三年間，在此釀酒，更提升了酒的基本品質。可謂「獺祭」之父終於出現了。

在櫻井正式兼任製作人和導播之前，這位杜氏則擔任起相當幹練的導播。

即使才經歷過一次嚴重失敗，櫻井腦中卻充滿了大吟釀的事情。

一般來說，失敗後就會放棄了，尤其作出了那麼難喝的酒，還得靠媒體幫忙才賣得出去，櫻井卻還想繼續製作大吟釀。

他認為釀造過程本身十分有趣，甚至覺得若再仔細釀造，應該就會變得更好喝。

櫻井突如其來地對著新來的杜氏說：「我想做大吟釀。」杜氏聽完一臉苦惱。

「老闆腦袋到底在想什麼？」他的臉上這樣寫著，並回了一句：「我沒有做過大吟釀。」櫻井聽到回答，認為這個男人非常正直。

雖然他不了解釀酒，但想到之前釀完酒就離開的杜氏，這個直接回答「我沒有做過大吟釀」的杜氏應該可以信任。

話雖如此，「我實在不想再失敗了，但我就是想做出大吟釀，到底該怎麼辦才好呢？」

此時櫻井注意到的，是給業界人士閱讀的雜誌。

當時，正值「磯自慢」或「開運」等靜岡縣酒的評價上升的時期。在此我也要稍微提及一下，同一時期我也曾造訪過「磯自慢」和「開運」，並與藏元談過話。

所謂的日本酒，是由三大要素所構成：水、米與氣候。其中，又有兩個因素不可改變。

那就是水與氣候。水沒有辦法靠運送獲得，氣候則受到地區所影響。然而，米卻能透過運輸獲得。

兵庫縣東条町產的A級山田錦在日本各地都孕育出優良酒品，正是因為如此。

不過，文明進步是可畏的，會將無法更動的事物一一改變。為何東北、北陸等地區適合釀酒，就是因為冬季相當嚴寒所致。但是現在卻能利用電力冷卻酒槽，也讓酒造向南部、西部擴張。

水質優良的地方，就能釀出優秀的酒。而靜岡縣又擁有來自富士山的泉水，搭配冷卻技術，成為足以代表日本的名酒產地。我因《酒藏紀行》的採訪，得以在靜岡縣酒最蓬勃發展的時期造訪這些酒藏。

在此先提到，這也成為今天日本酒得以突飛猛進的因素之一。閒談就先到此為止。

因此，這個時期業界人士閱讀的雜誌會提到靜岡酒，是理所當然的現象。但看到這一幕，對櫻井來說卻是相當幸運的一件事。

當時櫻井看了報導才發現，曾透過技術協助靜岡酒發展的人，是任職於靜岡縣工業試驗場的河村傳兵衛先生。他看了河村先生發表的靜岡縣吟釀酒釀造相關報告後，才了解了許多問題，並直接將雜誌帶到杜氏面前。

現在回想起來真是離譜，他竟然拿著碰巧看到的雜誌給杜氏看，杜氏表情想必相當驚訝吧。而且，櫻井還說：「就照著這個方法釀造吧！」

但杜氏也不愧是杜氏，他也回答：「好，就試試看吧。」

這份報告篇幅僅約十張 A4 紙而已。

現在名氣響叮噹的「獺祭」在過去，竟然是用這麼隨便的方式開始釀造，我又再次感到訝異不已。

但多虧杜氏是個老實人，即使櫻井對他提出這麼隨便的建議，他卻仍照著報告釀酒。

沒想到成品卻相當美味。

櫻井也大吃一驚：「這是旭酒造第一次生產的大吟釀，我實在高興到不行，都驕傲起來了。畢竟杜氏完全沒做過大吟釀，卻和我僅靠著一份報告就做了出來。不過現在回想起來，當時的大吟釀大概只有六十分吧！之後的路還很漫長……。」

他們靠的是模仿。但櫻井也藉此得知，模仿大吟釀的製作時不得完全仰賴經驗，重要的是須以理論為基礎才行。

過往酒藏僅靠著先前杜氏的經驗釀酒而瀕臨倒閉，獨自努力反覆摸索的時代終於結束了。回首過去，櫻井也從中學到了重要的經驗。

第三章

「獺祭」的誕生

進軍東京

我們永遠都不知道，什麼事物可以改變人的命運。

一九九〇年，大相撲五月賽事。

在這期比賽間，由來自青森縣的關取[1]旭富士得到橫綱頭銜[2]，此時櫻井腦中閃過一個念頭：自家生產的酒與這位力士同樣稱作「旭富士」，是否可以藉機促銷呢？

於是櫻井將業務範圍拓展到青森，他的眼光果然犀利。

結果，旭酒造在青森接到了七百瓶的訂單。櫻井到青森跑業務回程時，心想難得到青森一趟，回程不如順路到仙台的批發商打個招呼，便在弘前搭上了夜間巴士。沒想到，在車上睡得迷迷糊糊，就覺得到仙台有點麻煩，乾脆一路搭到了上野。這也是櫻井睽違已久再次到了東京，他決定去拜訪以前大學的學長。

「怎麼做才能讓酒在東京賣得出去？」

其實櫻井從沒認真思考過這個問題，但既然難得有此機會，便問了學長。

「沒有在這裡賣酒的方法是吧？」

「那我幫你介紹居酒屋吧！東京有些店家對日本酒很有品味。」

於是，學長帶櫻井到了神田淡路町的「一之茶屋」，店內僅擺放著純米大吟釀。

當時正值泡沫經濟時代，一個人花上一萬幾千日圓也都能報帳。雖然櫻井身上並未攜帶樣品供店家試喝，但之後再將樣品寄送到店家後，卻得到了這番回應：「這真是不錯，我們會試著放在店內。」訂單也跟著到來。旭酒造也展開在東京的業務。時至今日，「獺祭」已經成為東京居酒屋內的必備酒品，沒有提供時還會被質疑「什麼！沒有嗎？」但此時卻是獺祭在東京踏出的第一步。

1　可登上相撲比賽的正式選手。

2　位階最高的力士。

不，正確來說，這也不能算是「獺祭」的第一步，畢竟當時的商品名仍是「旭富士」。不過，當時四十歲的櫻井也感受到市場反應，並有了以下想法。

「旭富士這個名稱不夠搶眼，也受到山口縣容易出現折扣的銷售習慣所影響，在岩國市殘留敗犬的印象。正因此，必須塑造新商品的形象。」

原本他也思考過要恢復過往父親曾用過的名稱「周東櫻」，但又似乎有走回頭路的感覺，令他感到排斥。

回到獺越後，櫻井仍十分煩惱。

然而，他還是想自己決定品牌名稱。此時，他不經意地看了自己的名片，地址處有著「獺越」的字樣。他心想，幾乎沒有人會唸「獺」這個漢字吧。這時候，正岡子規的稱號「獺祭書屋主人」就浮現在腦海中。

水獺習慣將捕獲的魚擺放在河岸邊，宛如供奉給神佛的祭祀品般，這也成了獺祭名稱的由來。而俳句家正岡子規之所以自稱為「獺祭書屋主人」，則是因為他臥病時，看到枕頭旁擺放了各種必需物品，頓時覺得自己似乎變成了水獺，才取了這個稱號。

「獺祭」

唸起來感覺不錯。

「但是」

大家或許不知道怎麼發音。

反正這座酒藏本來就位於沒人知道的深山間，乾脆把沒人會唸的漢字作為品牌名稱吧！櫻井又試著寫下了「獺祭」二字，看起來也很不錯，甚至還有正在呼喚著自己的錯覺。

「決定了！」

「獺祭」這個今日無人不知、無人不曉的商標名，就在這個瞬間誕生了。

聽到「獺祭」二字，幾乎沒有人會聯想到獺越這個地名，或是正岡子規吧。但在此必須提到，當這名稱浮現之時，櫻井的腦中也出現了正岡子規的身影。

終於，貼上「獺祭」酒標的酒一一上市，包含精米度50％及45％的純米大吟釀。四合裝瓶的零售價為一千二百五十日圓，而大型酒廠同樣容量的商品，價格卻高達四、五千日圓。然而，櫻井對於訂定高單價感到畏懼，甚至懷疑訂了這樣的價錢真能賣得出去嗎。

事後證實櫻井太杞人憂天了。

櫻井帶著這瓶名字太難唸的酒四處跑業務，不少經銷商都唸不出「獺祭」的發音，櫻井甚至還吃了許多店家的閉門羹。

然而，地酒愛飲者之間廣為人知的多摩市的「小山酒店」和中野區的「味之町田屋」，只試喝了一口就決定將「獺祭」進到店內販售，成為「獺祭」剛進軍東京時的銷售點。

「有沒有新進來什麼特殊的地酒？」

聽到客人的詢問，這些店家就會開始推薦獺祭：

「這可是從深山的酒藏來的。」

只要這麼一句話，獺祭立刻就蔚為話題。大家聽到櫻井提及釀酒的歷程，也感到很有趣。從另一個角度來說，大概也是訝異於怎麼有人用這麼魯莽的策略釀酒吧。但也因此，這些喜愛地酒的店家也相當喜歡櫻井專心於大吟釀的製造，進而產生的商品。這也是因為櫻井自己身處酒藏中，更親自處理釀酒相關作業，才能與店家談到這麼多。也幾乎沒有藏元可以做到這個程度。

因此，這些店家的老闆也注意到了這點：

「竟然出現了這麼厲害的藏元。」

獺祭逐漸在東京銷售出去的同時，酒藏當地也出現了各種聲浪：

「這不是地酒嗎？不在當地銷售是什麼意思？」

「是想離開岩國地區嗎？」

不過，櫻井卻有不同的看法：

「不就是當地人自己不買我們商品的嗎？」

櫻井當然也想讓當地人喝喝自家商品，但在當地賣不出去，酒藏也只能到東京殺出一條生路。

「大家在這麼小的市場內互相廝殺、競爭，怎麼樣都贏不了。因此，旭酒造只能到較大的市場內，鎖定一部份的人作為客戶，並在高級酒品所屬的小眾市場間取得一席之地。」

為什麼「獺祭」在東京會暢銷呢？

這時，我才從櫻井口中聽到自己也從不知道的意外因素。

新潟的酒在東京深受好評，但也包括了上百種品牌，若選擇其中一種，也才只占了百分之一的市場罷了。但包括「獺祭」在內，只有幾個山口縣的酒品出現在東京。而且，在東京的山口人或許比新潟人還要更多。

只要山口縣的人到店家詢問：「有沒有山口的酒？」總會有人選到「獺祭」的。

「這真是相當幸運，以前從來沒想過這一點呢。」

想必連山口縣民都沒有發現，是因為自家人的支持，才讓「獺祭」的名號變得如此響亮。

除了對酒豪及專賣店、居酒屋等餐館外，「獺祭」正式打響名號，是在「獺祭 二割三分」問世之時。這款商品磨去了77％的米，其技術震撼了整個社會，而這是在一九九二年發生的事。

我至今仍記得，與櫻井初次見面時，他開心地指著「獺祭 二割三分」不懷好意地對我笑著說：「這是我在新幹線裡想到的。」原本他只打算磨到剩25％。

櫻井確認酒藏已開始精米作業後，便出差去了。沒想到出差期間，卻聽到其他酒藏推出了精米步合24％的大吟釀。於是他思考了一整晚，並出現了不想輸的表情。他在回程的新幹線中打了車內電話（當時還沒有手機），指示酒藏「繼續研磨」，將米磨到剩23％。

當時，酒藏已作業了六天，若要再磨去２％，就必須再花上二十四小時，最後共耗費了一百六十八小時，才完成這批精米。

精米製作過程中，並非只要磨製就行，一旦溫度過高，米就會過於乾燥而破裂，也無法釀造成酒。櫻井決定冒著這個風險，繼續磨製。

他一臉喜悅地描述當時的情景，甚至還擺出了拿著話筒的姿勢。

這人真是得意忘形呢，他不管任何事都能樂在其中，進而得意起來。這樣的人在人生的歷程中，只要找對方向就能發展得很好，但若走錯一步，可能會招致嚴重後果。在此也要先說明，當時我內心也想著，現在雖然不錯，但這個藏元之後會不會遇到什麼挫折呢？

而這個擔憂日後也變成了現實。

發展在地啤酒的過程及失敗

櫻井又想展開其他的挑戰。

當時他繼承酒藏已經十年光陰，旭酒造以大吟釀為主的商品皆廣受好評，也讓櫻井第一次感覺「就這樣持續下去應該就行了」。然而，要讓酒藏生存下來，必須再找出一個支柱。

自己開始上了年紀，而杜氏和藏人也都一樣，櫻井在前一代杜氏交替時，就已經深刻體會到歲月的不留情。為了解決年齡問題，他必須要培養更多年輕的釀酒師。

既然如此，就必須建立起一個組織。現有的杜氏制度，只是杜氏在農閒期帶著藏人到酒藏來工作罷了。他們只在農閒期釀酒，一到春天就又回去家鄉種田，也就是所謂的外出打工。至於酒藏的工作，就是全年販售他們所釀造的酒。

酒藏到了夏天，就變成一個無法生產、沒有存在意義的設施。因此，既然無法生產商品，當然就無法雇用員工一整年。不過，這個生態在日本酒業界行之有年，早已成為正常現象。櫻井想著，那麼有沒有夏天可以做的事情？

此時，正巧進入了在地啤酒的熱潮。

可以用來對抗大型酒廠的，便是小型釀酒廠所生產的啤酒。相較於日本酒，啤酒的製作又更加簡單，只要小型設備就可釀造。

櫻井認為，只要夏天生產啤酒，冬天生產日本酒，酒藏就能全年生產商品，也可雇用員工一整年了。

日本國內陸續出現幾座在地啤酒生產設施，地方自治單位也相當積極，設立了相關部門，更陸續興建郊外型的大型釀造設施，媒體更爭相報導這個現象。

最後，在地啤酒風潮靜靜地走向末路。諷刺的是，導致在地啤酒沒落的，是日本政府開始加強管制酒駕，並實施重罰等措施。不過，當初可飲用這些啤酒的場所都建設於只能開車前往的地區，代表一開始就打錯算盤了。但這是日後才會出現的情況，此時在地啤酒正受到歡迎。

櫻井決定製造在地啤酒，首先要取得執照。

在這個國家最麻煩的，就是生產日本酒的酒藏要生產啤酒時，必須重新申請其他執照。

國稅局手中握有國內所有酒精的管制權，核准程序又相當複雜，若管制較為寬鬆，執照就較容易取得。

但著手準備以後，才發現實際情況完全不同。

在法律上，提出申請後必須在三個月內核准，但國稅局的負責人只要收到不符合自己要求的申請書，就不予核准。不過，一旦申請人提起訴訟，要求說明不核准的理由，這些負責人又不一定能勝訴，甚至還會影響到他們的考績。也就是說，對於這些公務員來說，最輕鬆的方式就是不受理申請。因此，國稅局開出了條件。

「若附設餐廳的話就能取得執照，但他們並沒有直接告訴我，而是用誘導的方式，讓我們產生這個想法。他們還會說其他鄉鎮也都這麼做等，處處暗示我們。」

就像前文也提過的，郊外型複合式餐廳陸續出現的原因，大概只有這一帶才有這樣的情形。不過，這個國家的其他自治單位正在加強酒駕管制，這裡卻誘導相關產業到郊外設置餐廳及附設設施，誰也不用負責任，可以推得一乾二淨。真是太過分了。

櫻井照著公家單位所說的方式開始行動。

他沒有任何餐飲業的經驗，因此透過介紹認識了一位顧問。

「我在山口舉辦各種活動，有這方面的實際經驗。」

櫻井從沒認識這類的人，便聘請對方擔任顧問，薪水相當高。

「但他很擅長媒體應對，我想應該能放心將相關工作交給對方。」

之後，「Otter Fest Beer」也完成了。

Otter為德文中「水獺」的意思，而Fest則有「祭典」之意，直譯後就是「獺祭」。

到了一九九九年三月，櫻井在岩國市首屈一指的觀光勝地錦帶橋附近開設了設施「大道藝之館」[3]櫻井認為若只是單純的餐廳，就沒有任何技藝的意義包含其中，所以便採用了顧問的意見，引進了街頭藝人表演。

人與人的邂逅有時會出現相當戲劇性的一瞬間，但日後回想起來，卻又覺得記憶有點模糊。我和櫻井曾經努力回想當時發生的事情，但我們兩人卻沒有太多印象。

大概都是酒精害的吧。

我們倒是記得同一個場景，我站在閃耀著紅色燈光的錦帶橋前，對著櫻井說了重話：「不要做這些比較好吧？」

我指的就是「大道藝之館」。

在櫻井的記憶中，我是先聽到這個小道消息後就打電話給他，再立刻飛奔過來。

3 大道藝為日語中街頭藝人之意。

不過，我當時沒什麼錢，實在不認為自己會做這麼熱心的事情。我想大概是我正好在附近的酒藏採訪，看到櫻井的事業蒸蒸日上，決定過來要他請客吧！

我當時常在各地採訪，看到不少所謂的地區復興或經營管理顧問專家，但這些人在我眼中大多是惡劣的詐欺犯，只令我感到厭惡。只要看過我的另一本作品《令人發怒的大叔會議in秘密基地》（西日本出版社），就能略知一二。

這些人做事情不用承擔風險，一旦成功還有額外津貼，而失敗了只要逃跑就行。無論如何，只要客戶有獲利，他們就能抽成、賺取金錢。尤其在這個國家中，又有不少公司將顧問這行業企業化，國際性的廣告公司也加入。他們舉辦了多少地區宣傳活動，又有多少成功案例呢？或許是我孤陋寡聞，但我從未聽過有成功的例子。早期北海道也舉辦過美食博覽會，更是賠得一屁股債。從初期至今，這些活動幾乎屢戰屢敗，但明明從未成功過，這些人卻利用人性弱點，鼓吹總有成功的可能，宛如一群鬣狗般四處尋找獵物。

我雖然見識不夠多，但也多少聽過相關案例，更認為櫻井千萬不能捲入這些紛爭中。在我與櫻井見面、談話前，我就已經了解到，正要起步的櫻井身邊應該會開始聚集這樣的人。

我們在錦帶橋旁站著談話。

果然，櫻井也提及了顧問的事情，還提到當地的商業公會有多期待他的發展等。

我開口說。

「櫻井先生，這是因人而異的吧？」

「同時開設餐廳也不是你的本意吧？你現在就像撞球一樣，被其他人推著走。接下來，你只會掉入洞內而已。」

我倒是記得跟櫻井說這席話的場景，他一臉困惑。我好久沒見到櫻井有這種表情了，他每次下了決定後，都會理直氣壯地與我對峙。當時我只有一股直覺，認為這個挑戰可能不會有好下場。

我並沒有興趣在他人失敗時，落井下石地說「你看吧！我早就說了」。

不過，結果卻相當慘烈。

餐廳僅過了三個月就退出市場，我曾看過許多投資失敗的案例，小型店面就算了，這麼大規模的設施，卻僅用了三個月就宣告退出，真是前所未聞。不過，這也可看出櫻井的優點。我用了「退出市場」這個非常有面子的詞彙，而所謂的退出，更關係著是否能拯救公司及員工。這就端看指揮官的能力了。最糟糕的情況，就是逐步投入兵力了。以前大東亞戰爭期間，日本軍就是這麼做的。一旦超過臨界值，就再也無法挽回，因此不能坐以待斃。這位勇敢的司令官便下了指令，三個月內就宣告撤退，拯救了旭酒造。

「真的是徹底失敗，我清楚看到沒有客人造訪，也沒有利潤。仔細回想失敗原因，應該就出在投資過剩，以及不適合當地客群。在鄉下地方，餐廳沒有辦法光靠啤酒吸引顧客，因此我打算利用特色設施推銷，才有大道藝之名。不過，經費卻花費太多在其設施上，只花了三個月時間，我就發現這已經無可救藥，因此還算是不幸中的大幸。」

原本這男人打算以日本酒一決勝負，對啤酒本來就不具信心，一旦發展不順，加上周圍施加的壓力，就想透過多餘的事物增添附加價值。這樣看來，會失敗也是理所當然的。

不過，櫻井在這之後仍不氣餒。他是個正直的人，一般人遭遇他人的惡劣對待，往往只會忍氣吞聲，認為是自己的錯。但櫻井不是這種人，他決定對那位顧問提起訴訟。

他提起民事訴訟，最後也勝訴了。當時他說了一段很棒的話：

「我不是因為不賺錢才要告他，而是因為他沒有實行我所委託的事項。」

許多曾在地區復興活動或某某博覽會受騙的人，被他的這一席話震懾到了。因此，在某個活動中失敗的主辦者，決定也要告發這些騙子。勇於告發這些人實在是很好的選擇，只要大家都提起訴訟，就能讓這個國家變得越來越好。

櫻井決定退出市場後，造成相當大的影響。

餐廳的建地由共同經營的建設公司所提供，旭酒造與建設公司各自出資二億四千萬日圓，合計花費四億八千萬日圓。這麼龐大的投資，卻僅用了三個月就決定退出，在當地也引發了相當大的新聞。

「報紙寫旭酒造是因為經營不善才決定退出，當時其實不容許胡亂發言，但我卻老實說出真正原因。如此一來，我們就被銀行拒於門外，銀行也主動終止資金借款。」

這裡也可看出今日日本的弊病。

銀行難道是透過風聲來借錢嗎？既然要提供借款，就應該會調查過公司的經營內容、失敗的因素、失敗的責任歸咎等部分。光是一篇報紙的文章，就終止資金提供，這也真的太荒謬了。這也是這二十年間，使國家深陷泥沼的宿疾之一。

櫻井決定退出時，正面臨了這番狀況：「關閉了這裡還能勉強撐過去，但還缺了三千萬日圓。」

該怎麼辦才好？

櫻井不斷敲著計算機。

「老實說，當時狀況嚴峻到我甚至連自己的壽險保費都算了進去。我們這種小公司果然不能在地方城市做這麼大的挑戰，如果能在有十萬人口的都市吸引客人上門，一定會蔚為話題。不過，即使投資這多，也無法回收，就算改經營小規模的店面，也一樣無法賺錢。」

最後，旭酒造投入了二億四千萬日圓的資金，得到的營業額只有三千萬日圓，又透過訴訟獲得顧問的二千萬日圓賠款，還剩下一億九千萬日圓。也就是說，一間年營業額高達二億日圓的公司，卻有著一億九千萬日圓的虧損。

「之前公司成長時的支出在這時變得相當龐大，為了成為知名釀造廠，我投入了許多超出自身負荷的設備、人事開銷、原料費用，資產所剩無幾。當地人都覺得旭酒造可能會倒閉，老實說我也覺得這次真的完了。」

但啤酒又該怎麼辦呢？

「現在回想起來，既然決定要釀造啤酒了，不管多少，都要持續製作啤酒。餐廳關門以後，我們也持續製作了外賣用的啤酒數年。當時已經獲得臨時執照，所以得以釀造啤酒。不過，如果當時持續釀造啤酒，可能就沒有今天的『獺祭』了。」

在這件事情上，櫻井將重大失誤當成下一次挑戰的能量，因為失敗經驗，他察覺到啤酒和日本酒在本質上的差異，而這個發現，也讓他持續加強日本酒的釀造。

只要有設備，就不難做出啤酒，因此當時地區自治單位的相關部門才會陸續建造在地啤酒工廠。接著，又從德國找來過度飲用自家酒而無法工作的專家，四處銷售啤酒，但現在卻瀕臨倒閉。

日本酒是利用麴菌糖化，而啤酒則是將麥芽糖化。製作啤酒時，一旦煮沸，去除糖化酵素，讓啤酒呈現無菌狀態，酵母就會自動附著、發酵。因此啤酒的穩定性很高，但酒精濃度低。

「就某個角度看來，啤酒可說是抑制自然現象的產物。葡萄酒是自然發酵而成，日本酒則是在一個模糊地帶，與自然環境巧妙共存。也就是說，啤酒的穩定性極高，不管是哪裡製造的啤酒，就技術層面來講都不會出現太大落差。」

反過來說，試著製作啤酒後，櫻井又再重新發現到，日本酒究竟有多美妙。雖然剛才用「日本酒處於模糊地帶」等字眼描述，但其實日本酒的釀造過程必須同時進行雙重發酵，更須妥善管理溫度，才能溫和地培育出所需的微生物，可見日本酒需要多少複雜又充滿感情的作業才得以完成。櫻井說：

「我果然缺乏釀造啤酒的心思，但卻對日本酒抱持著長遠的目標，無論如何都想持續釀造日本酒。員工看了也很清楚，我無法保持對啤酒的動力。以公司的角度看來，若要認真製作啤酒，想必也得捨棄日本酒吧。然而，再怎麼思考，我都無法拋棄『獺祭』。既然如此，我只能捨棄啤酒了。」

因此，櫻井也放棄了啤酒事業。

這個挑戰造成了莫大的金錢損失，但因此而失去的，不只是金錢而已。

脫離逆境

將失敗化為成功。

櫻井將啤酒事業的失敗活用在之後的釀酒經驗上，同時，酒藏的交易也出現極大的變化。當時，旭酒造與一家批發商合作，其年營收大約有七千萬日圓左右。不過，這家批發商的銷售狀況卻不再成長了。

批發商表示「日本酒已經無法再成長了。」但另一方面，不少零售商卻來抱怨：「最近『獺祭』都沒有進貨。」在鋪貨的過程中，是否有什麼環節出錯了？櫻井四處詢問。

「銷售現場的反應和批發商的說詞完全不同，因此我決定果斷中止和批發商的合作。」

公司已經虧損一億九千萬日圓，卻又中止了一段有七千萬日圓金額的合作，究竟需要多大的勇氣啊！

而且雪上加霜的是，傳統業界的反彈也相當大。在業界相關的報導上，還見到這麼一段文字：「最近，地方酒藏有著這樣風潮。銷售狀況不佳時，就去拜託批發商進貨，而一旦賣得不錯，就切割掉批發商了。」

任誰看了，都知道這是在指旭酒造。像這樣傳統業界內的官官相護，我在過去走過日本各地酒藏時，就已相當清楚。確實，有很多酒藏仍須努力。不過，有多少貪婪的業界人士呢？我也看過不少業者利用設計奇特的包裝、瓶罐，牟取高額利潤。而且當我看到這些日本酒業界相關人士強打出頭鳥、囫圇吞棗，似乎不應該嘲笑先前提到的顧問們了。日本酒業界也缺乏淘汰劣質的淨化能力。

結束與批發商的合作後，生意反而漸入佳境，櫻井分析道：

「批發商只要一張訂單，就能將商品全部送到專賣店。雖然批發商自己也會跑業務，專賣店也會提出要買批發商的商品，但整體來說，其實沒有達到什麼效果。」

過往日本最詬病的，就是從中獲取利潤的商業行為。批發商只要移動傳票、將貨物送到零售商手上，就能獲取利潤。各個業界都有這種業者，可見靠著這行賺錢的人有多少。

這二十年來持續走下坡的日本經濟，到了今日終於在安倍晉三首相的手中逐漸恢復，我想最大功勞可能是驅逐了這些惡習。而櫻井也及早發現這個現象，並加以實踐。

不過，受到的反彈相當強烈。

「日本國內已經養成這些壞習慣，讓我遭受很多反彈。但我想大家內心應該也和我有相同想法，只是一旦拒絕與批發商交易，自家產品就不知道要賣去哪，因而感到不安吧。當然，我也覺得不安。」

能支撐櫻井的理念就是直接掌握哪家販售酒的商店願意銷售「獺祭」的情報。

當然也多虧了山口人的協助，櫻井一一掌握到東京有多少店鋪銷售獺祭等訊息，他也一一走訪了這些店家。不過，這就是所謂的直接販售模式，也代表著他已切斷批發商的中間轉售，這些做法可能會招致他人的嫌惡。就我所知，某家山梨縣的專賣店就因為直接與酒藏做生意，甚至遭到他人至店內縱火。

結果如何呢？

「當然是被放走了。」

櫻井冷笑著。

因此「獺祭」相當幸運，若是小酒藏想必會被看不起吧。這到了其他產業，結果也是相同。其實，包括日本酒在內的各個產業中，透過直接銷售模式拓展業績的，幾乎都是原本遭忽視的小公司。就像哺乳類要驅逐恐龍般，這些充滿活力的小巧聰明生物反而更強，恐龍最終仍會因環境變化而倒下。

只要實際到酒店或餐館走一遭，櫻井就能得到最新資訊。也因為如此，他才深刻感覺到過去批發商對他扯了多少謊啊。

「只要有一家酒店說希望提供商品的海報，批發商的業務就會說得像是有一百間店家都需要海報般離譜，謊稱每家店鋪都需要，要求我們製作。」

剩下的九十九張海報都是多餘的，但批發商會把這些當成自己的功勞，然後跟下游店家說「這些都免費送給你們」，再提供海報。不過，也沒辦法保證有多少店家真的用到了海報。這樣就能看出，早已逐漸凋零的日本酒業界還白白花了多少經費在沒意義的事物上。

也希望大家可以了解，最近日本酒景氣跌落谷底，但實際上卻花了這麼多無效經費或金額。

直接銷售商品的七千萬日圓營業額，加上原本批發商會收取的二千萬日圓抽成，現在都能直接進到酒藏的口袋，在資金操作上相當成功。

酒藏與批發商的交易必須每年簽訂一次合約，批發商會提供隔年每個月的預估交易量，向酒藏訂貨。照著這種形式，酒藏就能掌握預定的銷售量，更能藉此計算要購買多少作為原料的米。東京的批發商也認為，各地的酒藏要在東京銷售產品，這是最好的方式。

不過，這時候東京都內的批發商業務也開始下滑。由於法規修改，現在連暢貨中心或超市也能取得酒類販賣許可執照，其他地區早已為此唉聲嘆氣一陣子了。東京都比其他地區晚了五、六年才實施這項政策，但當時也逐漸感受到經營困境。基於這個情況，批發商提出加強與酒藏合作的方案，背地裡其實也是互相談好，不侵犯彼此地盤。

「不過，綜觀全局，還是不要這麼做比較好。雙方應該更輕鬆地交流，在靈活的狀態下思考如何存活。」

當然，持續採用業界的慣例做事，總有一天也是會倒下。相反地，也有許多同業提出疑慮：「不這麼做就賣不出去，我們和批發商簽了年約，他們一定會買我們的酒，因此還是維持此方式較理想。」

不過，在切割之後，營業額卻立刻提升了20%。

櫻井對批發商相當嚴苛。

「現在我們也和少數幾家批發商有合作，但基本上我覺得這個行業沒有用處。畢竟批發商對於往後是否持續合作，都無法給我們任何的保證。」

真不愧是接下來又打算生產五萬石的人，櫻井博志真有其雄心壯志。二十年前有酒藏敢說出這些話嗎？我想，這件事最能證明櫻井的革命之志了。

剔除杜氏的釀酒過程

經過在地啤酒事業的失敗後，衝擊櫻井的是巨額的虧損。但我曾說過，還有另一個衝擊出現。這件事情比起資金虧損，更撼動了酒藏的根基。資金調度不靈時，只要運用得當，還能向銀行借款，但少了這個關鍵，不管再怎麼尋找，沒有運氣也找不到。

當時讓櫻井眼睛為之一亮的杜氏，在此時決定離職，前往其他酒藏工作。

杜氏當然無法在一家信用遭到質疑的酒藏工作，但相較於此，杜氏會離職的部分原因，大概是出在酒藏明明以日本酒為主力商品，卻改生產在地啤酒而表達了對老闆的不滿吧！藏人也跟著杜氏離開，所有人一起到其他酒藏工作了。

還有三個月就得釀酒了，根本無法在此時找到新的杜氏。簡直到了走投無路的狀態。

「不過，我其實沒有驚訝到有所動搖。反而是當我知道資金不足時，還更加焦急。」

思考多日後，櫻井終於發現：「對了，我自己釀造不就好了嗎！」這個瞬間，也開啟了「獺祭」的另一條新路線。

「沒有別的辦法了，我一決定後就感到通體舒暢。自己釀酒，就能隨心所欲了。以前提了很多自己的想法，但都被杜氏回絕，說做不到。不過，只要自己釀酒，就能不斷試驗到成功為止。」

他真的貫徹了球員兼教練的道理。或者以電視圈來比喻，就是製作人自己還做起了節目。製作人握有資金，導播握有技術，但若可以的話，有人既有資金又有技術，不是更所向無敵嗎？

今日，藏元杜氏[4]已經是理所當然，但櫻井可說是引領了這個風潮。藏元杜氏通常在年輕時就是酒藏繼承人，待原本的杜氏準備退休後，身為繼承人父親的藏元才會將釀酒工作交付給下一代。但藏元因自家杜氏突然離職求去，因而貿然決定自行釀造，這倒是前所未聞的事件。也更能解釋櫻井這個男人的剛毅氣魄。

櫻井將杜氏離職的危機化為轉機，自己做起杜氏，只帶著沒有釀酒經驗的一般員工開始釀造作業。

此事件也成了轉捩點，讓旭酒造創造出廣受歡迎的「獺祭」。

日本酒得以景氣復甦，正是因為大多酒藏由這樣年輕的藏元杜氏繼承。為什麼日本酒的品質一口氣提升了不少呢？就像之前提過的，有兩大重點。包括這些新一代藏元大多曾在東京農大等處就讀，以科學方式學習釀酒技術。其次，則是這些人與同學互相交流資訊，再將日本酒資訊化為雲端數據，不斷更新。這麼一來，日本酒將會變得更有內涵。

在櫻井為了無杜氏而困擾，最後決定自己當起杜氏時，應該連想都沒想過，日後的日本酒業界會有此發展吧。

4　同時有藏元與杜氏的身分。

年輕的藏元杜氏在大學學習釀酒技術，櫻井則是自學。不過，他們卻有一個共通點。櫻井決定要「照著教科書教的做」。

老經驗的杜氏一輩子也才釀過二、三十次酒，該年度的成品是好是壞、原因又是什麼，他們全照著直覺來判斷。

「大概是今年氣候很好吧。」

「老闆，應該是因為水質很好。」

對於底下的藏人，也只能透過口耳相傳的模式教育。另一方面，許多專家則將釀酒寫成文章，實際製作成指南，也就是有可參考的教科書。只是這些老杜氏們並沒有透過教科書學習。

櫻井這時候正就讀釀酒小學一年級。一年級的學生要做什麼呢？打開入門教科書後，發現這是一本難度相當高的課本。畢竟這不是普通酒的教材，而是純米大吟釀的教科書。

「既然決定自己釀酒，首先就不能依循過往做法，而要照著純米大吟釀的教科書一步一步來。畢竟留下來的一般員工也從無釀酒經驗，只能這麼做。除了我之外，員工的平均年齡僅有二十四歲。」

這也許是不幸中的大幸。若杜氏讓藏人們留下，最接近杜氏的藏人領導還在的話，也許櫻井就不能自由釀酒了。由杜氏繼承下來的經驗規則，這位領導可能就會傳承下去。

沒有任何人留下，因此只能由櫻井自己釀酒。

「以前和杜氏花了十三年累積起來的經驗，此時全數歸零，必須重新開始。這不是我在耍帥，而是我真的不懂釀酒。」

以結果來說，從零開始反而才理想。

釀酒要從洗米開始，當初櫻井曾對杜氏說過，要做純米大吟釀以上等級的酒品，就希望米可以用手洗。

杜氏卻反對：「社長，這辦不到。讓藏人們做這麼辛苦的工作，大家都會辭職不幹的。」

不少杜氏都從自己的故鄉帶來藏人，自然成為這群人之中的老大，一定相當在意當地人對自己的評價。可以的話，當然不想讓底下的組員做這麼辛苦的工作。過去這樣的組織架構早已消失，櫻井只要指示員工做自己已經決定的事即可。到了現在，旭酒造仍然不用機器洗米，而是將米分成幾等分後，再親手清洗。櫻井當初的理想已然實現，其他事情也會一一實現、累積成今日的結果。櫻井身兼作業現場的導播，也藉此獲得極大的成就感。然而，他也是製作人，必須考量資金運作問題。

「當時情況十分危急，根本連明天會如何都不知道。我七月決定要自己釀酒，但那時候連公司能不能存活下來都不知道，如果下個月沒有錢進來，公司就準備倒閉。到了年底還不會倒閉的機率大概只有一半，畢竟我已經被逼到要連自己的壽險都一起算進去的程度。既然如此，我希望至少能照著自己的想法去做。」

果真是「放手一搏」。

幸運的是，公司也順利地接到訂單。「旭富士」仍是產品之一，而郵購公司也下了一千瓶的訂單。

「獺祭」在東京市場的訂單得以增加，起初是透過出身同一家鄉者在東京的組織協助，再加上櫻井勤勞造訪酒店或餐館等銷售現場所致。

球員兼教練實在相當辛苦。

白天為了資金運作而煩惱，晚上則進入酒藏，傾聽酒醪[5]的聲音。他畢竟還是新手，有時候看了酒醪的狀態後，才開始後悔前一天或前兩天做的工作內容。再來，又得煩惱該如何讓酒醪恢復到自己理想的狀態，時常在酒藏內一邊聽著酒醪的聲音，一邊迎接黎明的到來。

大吟釀完成的日子終於到了。

櫻井一邊擔憂，一邊試喝剛從酒槽中取出的新酒。

大概有七十五分。

「和前杜氏第一次釀造大吟釀時，我把成品打了六十分。即使是什麼都不會的新手，只要努力去做，也可以有理想的成果。只要往正確

5 投入酒槽中的原料持續發酵，呈現粥狀稱之。

的方向，最後終會成功。」

我也問櫻井，那現在的「獺祭」他願意給幾分？

「應該有個九十五分吧。」

大概就是這種厚臉皮的個性，才讓櫻井一路走到今日。也是因為他是我多年來的朋友，我才能這麼說他。

那究竟是什麼樣的關鍵，讓現在的獺祭可以成長到九十五分呢？其實，這也適用於所有的產業，作業越單純越好，任誰都能釀造的話更理想。此話一出，說不定日本酒相關產業的人會抗議。

「只有高度的釀酒技術才做得出美味的酒！」可能會有這般反彈。

高度的釀造技術，能將一萬石這麼大規模的酒一一送到引頸期盼的人手上嗎？當酒已如工業產品般須大量生產，卻又得將釀酒的精髓注入每一瓶酒中。創造出這種製法，才是櫻井的真功夫。

櫻井說：「我常和員工說這段如笑話般的話：『再怎麼糟糕的音癡，三百六十五天每天都唱同一首歌，也一定會有進步』。」

這道理和豐田汽車一樣。豐田汽車在大量生產之餘，卻能毫無缺陷、瑕疵品，想必有人會說「這樣反而無趣」吧！不過，日本酒或類似的嗜好品[6]，卻必須要具有故事性。

我常認為這些「故事」，是否是用來隱藏什麼謊言，就像顧問們對地區復興的建議往往是「要創造獨特性」一樣。不管用什麼方法製作，只要能讓消費者獲得好的成品即可。

香菸同為嗜好品，但卻沒有人會說「這個菸是機械所製造的工業產品，所以我討厭這個牌子」吧？啤酒也沒有這樣的情況，那為什麼只有日本酒必須符合這般期待呢？當然，若想找完全符合自己需求的商品也無妨，但價格一定就比較高。就像是客製化的商品，或是親手捲的菸。喜歡的人，也可以找這類商品購買，但日本酒卻卡在一個不上不下的地位，甚至被當成手工製品的藉口。櫻井看穿了這個謊言，也有所突破。

6　滿足個人興趣、喜好的商品，如菸、酒、咖啡等。

當然，這不代表作業現場就不需要人工。就算是汽車工廠，也需要熟練的工人。日本果然是製造業大國，就算規劃出了一套作業流程，可以順暢工作，也不會將操作交由新手，而是全由經驗老道者執行，這也是日本的強項。

釀酒也是相同道理。旭酒造在這樣一套系統完成後，搭配員工們的努力，逐漸提升熟悉度，進而提高精確度，減少誤差。

目標只有一個，櫻井只想做出美味的酒。在這一點上，「獺祭」有其獨到之處，並非一般工業製品所及。

雖然我老是拿汽車來比喻，但日本的汽車之所以受到全球好評，關鍵就在於此。本田宗一郎[7]一定親自駕駛過自家產品，本田汽車現在就算不是頂尖，我想也在努力接近中。這情況不只出現在日本，賈伯斯因為說過，他要把易於使用和容易上手的電腦給商品化，因而獲得好評。

也就是說，將商品採工業化作業只是其過程，製作者要怎麼貫徹精神到最終產品內，並交到消費者手中，讓對方感受到自己的心意，才是最大重點。既然櫻井說現在的獺祭有九十五分，那麼還有什麼在前方迎接他們呢？

「還不足的那五分，可不是這麼容易就能取得。我常用生魚片為例對製造者說，同樣的生魚片，我撕扯著切下來的，和食品超市中的阿姨所切的產品，以及正統廚師所切的，一定有很大的不同。就算同樣都是廚師，被譽為擁有神之技巧的廚師，和一般可做出美味料理的廚師，其製作的生魚片一樣有些許差異。或許差異極其細微，但當事人一定可以體驗到其中不同。就算顧客不會發現，本人也一定會察覺到。雖然我說的話像是在開悟道理，但釀酒也是一樣。也許不會有人注意到獺祭還缺了什麼，也不會有人因為我注意到了就稱讚我，但你一定可以理解我所謂的差異。」

越接近心目中理想的好酒目標，要求就越嚴苛。曾到達過那個境

7　本田技研工業（通稱HONDA）的創立人。

界的人也許才能理解吧！

雖然文章看起來很像雜談，但我也想談一談旭酒造改變經營方式的過程。

先提到酒的原料支出，由杜氏負責釀造時，只要杜氏在酒藏內，就不能不分派工作，因此往往會為了釀造而釀造，產生過多的產品導致供給大於需求，造成庫存過多問題。不過，當杜氏離職後，旭酒造無可奈何，只能減少生產量。尤其沒有杜氏在，也不敢一次製作太多產品，故只會像實驗室規模般少量製作。而生產量減少後，原料費用也會減少，大概可以省下二～三千萬日圓。

其次，因杜氏辭職，公司的人事支出也減少了。旭酒造付給杜氏的薪水是西日本第二高，光是杜氏的年薪就有七百二十萬日圓，若再加上一同離職的藏人，旭酒造得以省下約兩千萬日圓的人事開銷。

稍微一算就已經省下六千萬日圓，足以改善七千萬日圓收益減少的缺口。也正因為如此，公司才能重新站起來。只要再花個一兩年時間改善營運狀態，三年就能轉虧為盈，以前累積的虧損也能在五年內消除。

之前曾聽過「哥倫布的蛋」[8]這個故事，看起來櫻井像是從哥倫布雞蛋中爬出來的男人吧！

改採四季釀造

櫻井培養了不少新人。

就算櫻井持續擔任球員兼教練，一個人不斷努力，底下沒有培養一批人馬，就無法維持釀造工作。之前曾提過杜氏及藏人的關係就像師徒般，這也是受到封建制度的影響，更結合了家鄉農村內的人際關

8 傳聞哥倫布遭受他人質疑時，曾拿雞蛋出來，並挖破一個洞立起。這故事象徵著必須實際去挑戰新事物，才知道能否成功。

係。在這樣的關係中，絕對無法以下犯上，對師父說出什麼意見。不過，櫻井認為這樣就無法做事，必須將自己的重擔逐漸分給其他徒弟。除了孕育出好酒，培養好人才也是櫻井的工作，更是首要之務，畢竟他總不能永遠獨自負擔所有工作。

現在旭酒造的製造部長為董事西田英隆，他於二十九歲進入公司至今已超過十年，幾乎只製造過大吟釀。其餘僅有在他剛進公司那年，曾在什麼都不懂的狀況下釀造了一桶添加酒精的酒而已。他過去對日本酒完全沒有概念。

櫻井笑著說：「西田進公司時，是我們一般員工開始釀造作業的第二年。過去他大學畢業後曾到大型紳士服量販店工作，因不願被調職便離職，經職業介紹所的介紹才來到我們這。簡單來說，他當時就只是一個毫無幹勁的上班族罷了。」

沒想到這樣的人，今天卻成為撼動日本酒業界的其中一位釀造者。

櫻井也一樣，沒有任何人的幫忙，必須自己完成工作，也不會有人替他負責。一個人會因身處的環境而變得更強壯。社長自己也要變得更強壯，這樣企業才會茁壯。

西田進公司之初，每年約須製造七百石的純米大吟釀。

就算在大型的酒藏工作，藏人也不一定能獲得這般經驗，這是因為旭酒造堅持生產大吟釀所致。他只是透過職業介紹所找到這個工作，沒想到卻在這裡接受了菁英式的訓練。公司並沒有要他釀造普通酒到吟釀酒等各個級別，而是指定了最好的酒，要求他「你就專心做這種酒吧」。

對上班族來說，著實三生有幸。此外，累積的經驗也不容小覷。以往的杜氏每年僅釀造一次，一輩子頂多有二十到三十次經驗罷了。但西田進公司十年後，累積的經驗就高過以往杜氏的好多倍。

西田走在旭酒造的最前面，其他跟隨他的，全都是一般員工。之前也曾提過，通常杜氏所帶來的藏人大多來自冬季受雪所封閉的地區，因為正值農閒期，無法在家鄉耕種才到酒藏工作，也就是所謂的外出打工。不過，旭酒造的藏人全都是一般員工，經驗累積的速度也相當驚人。

櫻井決定採用員工造酒，但只有冬天可以釀酒，夏天又要做什麼呢？就算這些員工都出外跑業務，也無法達到收支平衡。當初櫻井之所以想釀造啤酒，也是因為希望填補夏季員工無事可做的空閒。不過，這個方法最後失敗了。

那麼，如何能夠全年雇用員工，又能發揮最大的附加價值？

答案就是讓員工不斷釀酒。

其實，這方法在灘或伏見等地的大型酒藏早就行之有年。只是必須使用電力降低酒槽溫度，是過往地方小酒藏無法嘗試的方式。因此，冬季氣溫較低的地方，自然而然就會成為名酒生產聖地。就像我之前提過的，酒藏無法改變氣溫和水質，只有米可以透過運輸取得。如此一來，北陸或東北等冬季嚴寒的地區，也就成為了知名的好酒產地。

而到了現在，這種情況大幅改變了。

只有好水無法靠運輸取得，但卻可利用電力控制溫度。因此，許多過往擁有好水卻難以釀酒的地區，陸續出現酒藏，最好的例子就是靜岡。

到了釀酒現場，就能了解這些道理。不過，以雇用員工的角度來說，尚無太多論點提及其體制是否符合現狀。前文曾提過工業產品及手工產品的奇妙思維，在此也可看見類似邏輯。

都市人往往對地酒有一種幻想，認為這些酒只有在下著雪的嚴寒冬季才能製造，可見過度曝光的釀造情景讓人產生了既定印象。

只要酒藏水準夠高，就不須在意外在的天氣因素。只要做好酒藏內的溫度管理，就能生產出好酒。只是我並不想向地方的小酒藏強調這個方法，其中一個原因是投資設備的問題。要創造一個可確實控制溫度的酒藏，需要多少資金，實在令人不敢想像。另一個原因，則是既定印象實在太強烈了。在日本酒這種不算大的圈子裡，只有一個酒藏敢一年四季釀酒，想必需要極大的勇氣。

但櫻井卻感到毫無束縛。首先，公司的杜氏離開了，他只能自己擔任杜氏。再來，藏人也跟著離開，他便讓員工擔任藏人。事情都已發展到這個地步，他已經無所畏懼。既然如此，櫻井決定讓員工全年都持續釀酒。

這就是所謂的四季釀造。首先，改實施四季釀造後，產量勢必會增加，也能雇用員工一整年。這麼一來，最大的問題只剩下形象了。但櫻井熟知銷售現場情況，對這點倒是胸有成竹。

其實，今日得以釀造出一萬石的酒，讓顧客到居酒屋「和民」也喝得到獺祭，正多虧了櫻井決定實施的四季釀造策略。

他開始引進空調設備，維持酒藏內部全年氣溫為攝氏五度的環境，逐漸開始打造四季釀造所需的條件。由於缺乏經驗的關係，一次僅釀造少量的酒。因此，從經營層面看來，四季釀造也相當合理。

由於手工作業較多，一次可生產的量有限。這樣的設備、這樣的人數可達到的產量，再加上持續一整年運作，便可確保生產量。旭酒造透過員工達到四季釀造的目標，同時也提升了產能。只要對照製作產品的時間，就可了解旭酒造的產量為什麼能高出其他同等級、釀造設備相同的酒藏一倍之多。

另一個影響為經驗的累積。只要持續釀造作業，員工們就能獲得更多學習機會。就算犯了小失誤，也能立即修正。這個禮拜釀造時出現的問題，到了下個禮拜就能調整。員工得以隨時改善、微調狀況，反而補足了缺乏經驗的問題。

不斷持續這些過程，才終於達到櫻井口中的「九十五分」。

也因為這種近代化釀造作業終於展開，才發生了一些事件，今日看來著實有趣。造訪各座酒藏的旅人中，有不少人自認是日本酒專家，甚至還知道許多日本酒酒藏內使用的行話。雖然我也常自以為是地使用在著作中。

當該年度最後一次釀造時所用的米蒸完後，須透過「甑倒」這個步驟消除蒸籠內的蒸氣。此步驟是將稱為「甑」的器具拿出來倒放並清洗，故有這個名稱。經過這個作業，就代表這一期的釀造作業就此完成。一般來說，不少藏元及杜氏會喝上一杯酒象徵工作的完結。

某次有參觀者問員工：「甑倒是什麼時候呢？」沒想到員工卻回答：「那是什麼？」

參觀者一定訝異不已，甚至還會懷疑這人真的有釀過酒嗎？不過，這座酒藏內的確無法聽到這麼傳統的詞彙，畢竟旭酒造確實也沒有實施甑倒步驟。最根本的原因，就是他們採四季釀造，全年都在釀酒，又何來甑倒呢？

就兩個層面來說，櫻井的確對日本酒的文化造成了極大變革。或許他也想保留「甑倒」這種詞彙，但畢竟酒藏內並無這個作業。

二〇〇〇年，旭酒造生產的酒多數皆為純米大吟釀酒。此時，櫻井也決定結束過往持續釀造的「旭富士」生產計劃。

旭富士早已培育出一群多年支持者，但隨著「獺祭」之名越來越響亮，山口縣內也有越來越多人購買「獺祭」，而產量減少的「旭富士」也只能降價。

櫻井發出豪語：「其實並不是非純米大吟釀不可，只是因為這種酒特別暢銷，只能專心生產純米大吟釀。」

不知道櫻井是否有意識到銷售產品時最重要的因素，那就是消費者，廠商不能為了滿足自我需求就推出商品。也因為消費者購買了「獺祭」，進而決定了旭酒造未來的路。不僅僅是櫻井自己想釀造純米大吟釀，也因為顧客買單，才能繼續生產。

不知道有多少產業在製作商品時因自我滿足，認為自己製作的是好東西，進而迷失了。日本產業界曾經歷多次結構變換，也就是所謂的「典範轉移」[9]。腳步跟不上的公司，不知不覺就會消失。但當人正處於其中時，往往難以察覺問題所在，畢竟眼前只看到自己的公司。

只要觀察購買商品的客人，想必會發現他們逐漸拋棄自己的商品，轉向新的事物。也就是說，必須仔細注意，觀察顧客到底買了自己生產的什麼商品。

回頭看看旭酒造的歷史發現，這座酒藏一路走來看似大膽，但卻老老實實地走在正軌上。這是因為櫻井的天線始終朝著銷售現場，了解顧客想要什麼的緣故。而跟隨著他的組員們，更與其抱持著相同的觀念。

「旭富士」的銷量減少，「獺祭」之名也紅回山口縣內，這不就代表旭酒造已成功經歷了一次典範轉移嗎？

有多少企業做不到這點，甚至執著於舊有的名號呢？遺憾的是，就算一年營業額上看好幾千億日圓的企業也無法捨棄舊名。我認為正因如此，才會導致這二十年間日本經濟持續低迷的情況。同時，櫻井的酒藏之所以能夠順利成長，我想也不用多談原因了。

其實我大可停筆不繼續寫下去，但櫻井才剛開始在業界嶄露頭角，還有很多挑戰在前方等著他。例如早已自身難保，須仰賴他人協助的日本酒業界。而櫻井必須要改變這整個環境，或許他在不知不覺間，早已思考過自己在日本這個國家轉換結構時，該如何發展了。有時候，歷史是需要這種人來創造的。

櫻井下一個目標，是釀酒時最不可或缺的酒米。我也會在本書後半段提到。

9 一種革命性的改變，過去的經驗對於學習反而有害，一張白紙反而更容易學習。

第四章

釀酒工程現場

每日的釀造作業

「那家酒藏的酒雖好，卻沒有文化。」

櫻井始終記得這句話。這句話正是用來揶揄旭酒造沒有杜氏，又引進機械化作業，促進大量生產的情況。

既然「獺祭」賣得這麼好，其他酒藏只要跟隨他們的腳步就行了，但沒想到旭酒造卻又面臨到一道阻礙。就像我之前曾提過的，也就是眾人對日本酒的「手工製作」堅持。

究竟「獺祭」的釀酒工作，有這麼難連結人心嗎？在此我想簡單帶大家看過釀造的流程。

米在一天內會分成多批送到酒藏，用印有獺祭商標的兩噸卡車行駛十五分鐘左右，從旭酒造的精米廠運來。旭酒造使用精米度分別為50％、39％、23％的三種山田錦釀造。所謂精米作業，就是削除容易造成雜味的玄米外側部分，留下米的「心白」，也就是最接近單純澱粉質的中央部分。不過，脆弱的心白，在精米過程中因摩擦生熱造成水分流失，而變得乾燥易碎。因此，精米度數字越低者，越須耗費時間仔細製作。

根據吟釀酒的製作理論，若在精米後將米放置超過一個月，就會讓米恢復原有的含水量。不過，根據現場經驗判斷，水分含量恢復後，洗米時就容易出現米龜裂的現象。因此，旭酒造在精米後，會仔細包裹上多層保鮮膜再儲存，避免含水量增加，並盡早使用完畢。託四季釀造的福，大家早已累積豐富經驗，並活用於實際作業中。

此時也須向前人表達敬意。畢竟在杜氏口耳相傳的經驗中，也包含了許多毫無意義的靈異傳說。

米運到酒藏後，首先會進行洗米作業，以去除表面的米糠。三位員工各拿取一袋十五公斤的米袋，並各自倒入三座容器內。三人會隨著指令同時倒米，並以碼表計時，利用大量的流水沖掉附著的米糠。

接下來，則會將米放入水槽中浸泡約十五分鐘左右，這個步驟就能看出員工的技術。此時之所以會使用碼表計時，是因為氣溫、濕度及米的狀態會隨著時間所改變，必須仰賴員工的經驗調整。這個步驟就無法靠機器解決，可見最重要的關鍵仍取決於人的判斷力。

接下來，便會測量重量，計算米的水分含量。

每天都要在五度的水溫中清洗三噸的米，是相當辛苦的作業。尤其冬季時，手會凍僵到根本無法活動，只能準備一桶溫水，一面浸泡雙手，一面洗米。此時人的雙手也是相當關鍵的因素，對釀酒作業馬虎的人，自然會厭惡這項工作。

這些步驟中，最重要的就是要讓米吸收多少水份。尤含水量的多寡也被要求只能有多少的誤差值。在這階段的原料前置作業，事關後續的米溶解程度、麴菌繁殖比例等，牽一髮動全身。因此，為了盡可能減少水分的誤差值，才會以十五公斤為單位清洗。

接下來的步驟則是蒸米。過往被譽為日本酒之神的已故上原浩老師的口頭禪，就是「第一重要是蒸米，第二也是蒸米，第三還是蒸米。」從這句話就能看出，蒸米與酒的品質息息相關。在這步驟中，也必須一面觀察米的狀態，一面作業。可不是像一般家庭那樣，把米放入電鍋後，按下開關就行。

蒸米時，要將米放入三段相疊的巨大蒸鍋內，每段約有七百公斤的米，須蒸上五十分鐘。最理想的蒸米必須處於「外硬內軟」的狀態，如文字所示，米的外側必須較硬，但內側則濕潤柔軟。當然，上層和下層的米，其受到的蒸氣量也有所不同。製作時必須觀察米的變化，找出最理想的狀態，而這也須仰賴製作者的判斷。

不管到了哪座酒藏，可說是其心臟的部位，非製麴室莫屬了。在此處製作完成的麴菌，可幫助澱粉轉換為酒精。不採用四季釀造的酒藏一旦結束製麴作業，就會徹底消毒製麴室，再密閉起來，避免外界雜菌進入，可見製麴室的重要性。旭酒造在二〇一〇年時，建設了一間包含十張平台的製麴室。

時間一到，多位年輕男員工就會進入製麴室，將蒸好的米用布包起，並利用人力搬運至此。其實，許多酒藏反而在這一道步驟採取自動化作業，利用高壓空氣及管子，將米送進製麴室。旭酒造卻反其道而行。此時特地以人力搬運米，反而能感受到他們對於米的重視。

櫻井說：「這個步驟若採自動化作業，可能會使米的溫度及水分平衡稍微受到影響，導致難以挽回的結果。」

結束蒸米後，送到製麴室的米約有八百～九百公斤之多，全都仰賴人力運送。

員工會將蒸米鋪在平台上，並仔細鋪平、鋪散。在維持三十八度的製麴室內，可聞到蒸米散發的陣陣甜味，並看到員工身著白色T恤，彎著腰專心作業。剛才曾提及蒸米時，因米分散於上、中、下不同層，可能會產生不同狀態的蒸米，但此時會全部混合拌勻。

完成後，終於要撒上種麴了[1]。這個步驟則稱為「種切」。

眾人一面觀察溫度計，一旦蒸米達到預設的溫度及含水量後，就立即開始作業。所有員工一字排開，站在一個個平台前，用手撒下種麴。撒完後，再將米集中到一處，堆疊成一座山，並蓋上布以維持溫度。現在也有不少酒藏，到了這個步驟會使用自動製麴機取代人工作業。只要按下開關，機器便會自動撒下種麴，並維持一定溫度，以製作米麴。無論是以人力搬運蒸米，還是用人手親自撒下種麴等步驟，只從外面看的人也許深信旭酒造已徹底機械化，是座無生命的工廠。但我想對這些人說，進來這裡參觀吧。

接著，員工會取下用來保溫的布，再次推平蒸米，這個作業稱為「切返」，當然還是仰賴人力。看似單純的作業，以為這樣就能找派遣員工或短期打工的人來做的話那是不可能的。首先，他們會因為太過辛苦而辭職。此外，作業時的微妙手勁變化，也並非一朝一夕就能學

1　為發酵時所需的菌種，用來協助蒸米發酵。

會的功夫。

這道理就像汽車工廠內，站在生產線旁的作業也並非誰都能勝任，必須由熟練的工人操作一樣。除此之外，對於辛苦的工作也要樂在其中，大概也只有正職員工做得到了。櫻井將所有藏人員工化，其實也考量了這些因素。製作時必須想過這個工作的意義，以及成品的樣貌，才能做好這項工作。

切返這個步驟，主要是為了讓蒸米的水分蒸散。為了掌握蒸米的含水量，必須先用平台附的荷重計測量米的重量。最年輕的員工則須記錄每台荷重計所秤出的重量，每完成一次釀造，這些數據就成為旭酒造累積的資產，成為一個龐大的資料庫。

過往這些數據只存放於一位杜氏的腦中，我造訪各座酒藏時，發現有杜氏會用粉筆將文字記錄在琺瑯製的酒槽外，或是牆壁上。這些拙劣難辨的文字，就是酒藏的資料庫數據。

利用感覺釀酒，和使用以前累積下來的數據釀酒，其完成的酒質有很大差異也是正常的。往好的方向來說，這也是機械化的功勞吧！不過，如何使用、分析，再進一步活用這些數據，才正需要人的判斷。

每天分析製作完成的米麴數據，發現麴菌活動力過高時便稍微減弱，並在下次釀造時改善。櫻井說：

「可以隨時微調也是旭酒造的強項之一。」

這也必須靠著「人的能力」才能辦到。

接下來，終於進入發酵作業樓層。整層樓飄散著甜甜的香氣，這是釀造大吟釀時才會散發的氣味。

大吟釀專用的酒槽排成一列，其中，「獺祭 純米大吟釀50」使用五千公升的酒槽釀造；「磨 二割三分」與「磨 三割九分」則是用較小的三千公升酒槽。使用較小尺寸的酒槽，可盡量降低誤差，讓人的肉眼可仔細檢視每個角落。純米大吟釀必須在低溫環境下以長時間發酵，越小的酒槽，也越能控制酒醪的狀態。

稍微朝酒槽內望去，泡泡冒得越多的酒槽，代表其發酵狀態最活躍。用手稍微搧了搧空氣，就能聞到更加濃郁的甜味。有些酒槽已經倒入原料數天，發酵也趨近緩和狀態。

為使酒槽內的發酵狀態一致，必須用木槳攪拌，每天早上取定量樣品分析，測量其酒精濃度、糖分及胺基酸等數據。

而到了這個步驟，一樣須仰賴人的判斷，才知道如何運用這些數據。發酵時間最少三十五天，最多需花上五十天。

到目前為止的一連串作業，以過往的情況來說，相關數據只存在杜氏的腦中。不過，旭酒造卻將所有數據儲存於電腦中，每位員工都能調出資料。就某個角度看來，也是實現了雲端化數據的目標。杜氏絕對不會將自身技術傳授給他人，過往的藏人只能觀察杜氏的動作，偷取其技術。但到了旭酒造，就算有一位員工突然身體不適，任何一人都能取代其工作。這些準備，都是為了維持釀造時的水準，以生產最高品質的酒。

員工間共享的，不只是水平的數據資料。

櫻井說：「為了持續供給『獺祭』的味道，必須將技術留在公司內。因此，我們認為所有數據都必須留給公司。」

也就是說，這些釀造技術保留在公司內部後，更會以時間軸的方式，垂直轉移到下一代員工身上。接下來，就算「獺祭」的味道持續進步，也不會失去任何事物。

釀造室溫度全年都控制在五度，如前面所提到的，過去釀造室的溫度往往會受到戶外溫度所左右。因此，雪國或冬季嚴寒的地區就較盛行釀酒業。但之後卻出現了隔熱桶這項發明。

所謂的隔熱桶，是利用水於酒槽外不斷循環，達到溫度控制的目的。不少酒藏主要生產的，並不是需要仔細管理的吟釀酒，故有幾個這樣的隔熱桶就已足夠。

但是旭酒造生產的全都是大吟釀酒，因此，才乾脆降低整個釀造室的溫度，以控制環境。也因為如此，與其生產各種不同的酒，不如全部生產大吟釀，也較符合酒藏的設備。否則，每一種酒都須提供不同的溫度控制，實在太辛苦了。

話雖如此，就算統一了整個室內的溫度，也不代表每個酒槽都能用一樣的方式管理。這裡一樣須依靠人的雙眼、鼻子及舌頭的判斷，因此才會使用木槳攪拌，先維持整體產品的條件，再依照個別狀況調整，就像是超級升學學校般細心。這麼一來，整體產品的品質也得以提升，但每一桶酒都有其個性，必須一一檢視，才能培育出理想的成品。其實，培育人才和好的酒道理似乎相去不遠，甚至這裡還對酒採取相當菁英式的教育。

接著，終於到了「上槽」這個步驟。此時必須將酒醪榨成液體。相關名詞包括「槽榨」或是「袋榨」，這是因為以往多由上方施加壓力，或將酒醪裝入袋子內，利用自然重力擠壓，使得液體流出，並蒐集成酒。這也常被用來當作高級酒的代名詞。

另一方面，也可使用稱為「藪田式」的連續自動壓榨機，從旁按下如蛇腹般的裝置，就能榨出機器內的酒。只要說出哪款酒使用這種藪田式機器製作，就會被日本酒達人們輕視：「什麼，竟然用藪田啊？」藪田二字甚至一度被當成便宜酒的代名詞。或者，也有人會不懂裝懂地說「這個酒有『藪田臭』」。

這也是事實。之所以有「藪田臭」這種說法，是因為藪田式機器內部沒有確實清潔乾淨所致，但這不是藪田的錯，錯在偷懶的藏人。

其實，「獺祭」的純米大吟釀大多也會使用藪田連續自動壓榨機製作。雖然使用機器，但卻產出如此美麗的液體。這也代表旭酒造有多仔細清潔機器。這裡最重要的，一樣還是人的雙眼和雙手，以及不怕麻煩的心態。

雖然運用了各種機械，但也多虧了櫻井之下的所有員工齊心努力，才能扮演如機器潤滑油般的角色。就算用了藪田製作，我也感受不出機器的冷硬。

不過，櫻井這個人絕對不會滿足於現狀。

現在只要提到「獺祭」，較了解酒的人就會聯想到「遠心分離」。這個「吟醸酒醪上層系統」是利用遠心分離製作的機器，僅用在「磨二割三分」及「三割九分」上，旭酒造共有兩台。

一次放入六十公升的酒醪，再使其高速旋轉將近一小時，每分鐘轉速為兩千七百次，藉此分離酒與酒粕。

這個機械是由秋田縣的釀造試驗場所開發，發售之初，試驗場原本預期當地秋田縣的酒藏會購買，卻乏人問津，大家都只是看看罷了。

「要怎麼樣才能釀出比現在更清澈的液體呢？」

櫻井時常思考這個問題，也成為第一個買家。

無論使用槽榨還是藪田，都必須施加壓力於酒醪，但酒質可能會因壓力而產生變化。但是榨取液體這個作業，一定得用力按壓才能完成。在日本酒超過千年的歷史中，從未有人脫離過這個做法。不過，只要讓酒醪像脫水機般旋轉，就能自然讓水分飛出。這可說是日本酒史上最具突破性的發明。

現在，日本國內約有二十台機器，當然價格不便宜。不過，不會破壞純米大吟釀獨具的香氣及高雅口味。

「為了取得更清澈的酒」櫻井的這番心意，讓他決定引進機器。而分離出來的酒粕，則用來製作僅於當地販售的「獺祭」燒酎。這種用酒粕製造的「粕取燒酎」，只要是深知戰後黑市的人一聽，都免不了皺起眉頭。畢竟「粕取」代表的，就是便宜、難喝的燒酎。

當然，旭酒造的酒粕取自大吟釀，其水準固然不同。我想既然「獺祭」的吟釀酒這麼美味，一定也要喝看看他們的燒酎了。

最後的步驟就是裝瓶。這也是相當重要的一環，之前曾提及槽榨、袋吊等方式，不過日本酒業界現在相當流行所謂的生酒。也就是未經加熱，就直接出貨的酒。但這種酒可能有因混入雜菌，導致酒質受損的風險。

另一種方式則是在裝瓶前先使用活性碳過濾，將各種雜味利用過濾方式去除。但「獺祭」原本就不帶雜味，也不需要這項作業。

然而，櫻井並不打算以生酒的型式出貨。旭酒造利用「巴氏殺菌法」，將酒加熱到攝氏六十五度殺菌後再上栓。之後，再用冷卻器降溫至二十度，讓仍具發酵可能的酵素失活（抑制其活動）。

若是其他酒藏，通常只有在製作評鑑專用酒時才會採用這道手續。但旭酒造認為多了這道步驟，就更能維持酒的香氣，便特地增加了這一步。

為什麼不直接販售生酒呢？

「就算經微型濾網過濾，生酒中仍會留有酵素成分。一旦酵素產生變化，就會影響酒的品質，相當可怕。我們堅持酒在離開酒藏時，以及顧客實際飲用時的味道必須相同，因此我不能接受直接銷售生酒。老實說，在一般市場上銷售的生酒很多在運送過程中早已產生變化，這種生酒特有的味道也許變化不大，但確實會有影響。」

這也是櫻井所奉行的哲學之一。

釀造完成的產品送到末端使用者手上時，必須維持相同品質。其實，酒這種產品在釀造完成後就算美味，也不代表大功告成。經過運輸後，要如何維持原有的品質呢？優秀的藏元連這一點都會注意，這也是日本酒之所以能復興的一大關鍵。

以往的餐館並不會設置日本酒專用的冰箱。新潟名酒正蔚為風潮時，某間居酒屋的老爹悠哉地說「我們店內有一百瓶喔」，沒想到他卻將酒直接放在酷熱的倉庫中。此外，也有專賣店為了讓人看到名酒的標籤，便將酒瓶直接擺放在太陽西曬的架上。各位知道酒瓶為什麼大多是深褐色嗎？這就是為了避免因日曬導致品質受損，雖然透明瓶身曾紅極一時。

不可否認的是，一旦產品離開自己的身邊，不少日本酒業者就認為任君處置。

前陣子有個新聞報導，有家宅急便業者將冷藏包裹直接放置於戶外。我看了後感到相當生氣，因為我知道優秀的藏元耗盡多少心思，才能將產品維持原有狀態，送到消費者手上。一旦儲存於不適當的環境中，酒質出現變化後，有人飲用並認為：「奇怪？這和之前『獺祭』的味道不一樣。」櫻井聽了會有多難過啊！雖然新聞中較常提及的，是冰淇淋等冷凍食品，但最讓我感到心痛的還是日本酒。

當然，冷藏宅急便的出現也徹底改變了日本酒產業。櫻井也曾對我說過，再怎麼感激冷藏宅急便都不夠。光是如此，我也希望宅急便業者能夠深切體會，辜負了櫻井這番心意的嚴重性。

釀酒指南

我已提過很多次，身處釀造現場的人利用其感官操作機器，才能創造出高品質又穩定的酒。具有這種感覺能力的人，則是旭酒造的員工們。那麼，櫻井又是怎麼教育這些員工的呢？櫻井當然無法獨自確認所有味道，掌控每日變化的重責大任就交給員工負責。

櫻井嘆了一口氣。

「我常在各處聽到『獺祭是靠著指南釀酒吧』，覺得有點奇怪。我們的釀酒指南不斷地在變，常常做出看似完成品，但卻又少了點什麼的成品。我也認為釀酒指南必須不斷成長才行。」

聽到這些話，我還真想對某個堅持自己的宣言，最後卻消失的某政黨說相同的話。

櫻井想說的是，總之這些規矩不是用來約束自己的，而是要善於運用，每天也都會創造新的規則。

「舉例來說，現在釀酒時的水分含量有基本標準。一旦數字有些微落差，釀造負責人就會進入分析室，先將資料歸零，再恢復於原狀，重新來過。因此，無論誰都可以共享情報，像這樣重整，這才是真正的強大。」

這一段話，我也想讓隱瞞相關資訊的某政府及公務員們聽一聽。只要相關資訊越多，就越能減少發生重大失誤的機會。沒有什麼比緩緩變化的事物還令人生畏，必須隨時檢視，再補充缺乏的事物。接著再恢復原狀，並持續累積經驗，這是基本的危機管理概念。我對外交或國防安全相當有興趣，隨時都在關心這個世界。沒想到，人類在外交、政治領域所建構的智慧，竟然能應用於釀酒現場，令我感到訝異。想必櫻井原本也從未學過相關知識，卻在現場工作後，不知不覺學會了。這種直覺也相當驚人。櫻井原本對釀造一竅不通，可說是外行人，卻能夠釀造出傲視全球的日本酒，我想我也窺知箇中奧妙了。

酒藏的員工人數不斷增加，包括轉職前來者、大學畢業生、高中畢業生等，員工的穩定性也持續提升。當公司發展到這般規模時，在下位者很容易產生奇妙的心態，因主管和同事人數一多，就難以訂定責任歸屬。

「以往缺乏教育員工的概念，現在員工間也逐漸衍生教育能力，尤其他們還會自發性地依部門開會，真讓我吃驚。」

櫻井說完，西田便接著說：

「只有社長和我們共五、六人在的時候，我們只要聽從社長指令就行。但現在人數增加了，當然不能照這方法工作。不過，遇到問題時眾人便會提議開會討論，年輕員工也自然敢提出意見。」

其中，櫻井和西田比較在意的是即使失敗也不責怪個人的這點。說到員工，櫻井認為：「已經到達極限時，自己也無法突破問題，必須由他人來點破。我認為社長可以扮演的，就是這個角色。」

然而，櫻井卻相當害怕自己「被員工畏懼」這點。西田說：

「我曾被社長說過『你並沒有看著客人的需求釀酒，你只是看著社長釀酒罷了。』這對我造成了很大的衝擊，關鍵在於我會觀察社長的臉色。我原本認為，既然社長有如我的師父，那麼我只要照著他說的去做就行了，但卻不能永遠都這麼做。數據會不斷累積，但真要說的話，哪天社長不在了，我也沒辦法僅靠這些數據就能自行調整。畢竟這些作業仍須自己思考後，再去做才有意義。」

櫻井這麼說：「每個人都必須認真思考顧客的需求，否則『獺祭』就不會進步。」

不論社長怎麼說、社長怎麼想，因害怕社長生氣而言聽計從，正是不少日本大企業都罹患的疾病。也因為這一點，之後才有日本經濟失落的二十年吧。

「社長常要我們想像。」

櫻井說：「喝下我們釀造的酒後，客人滿足地笑了。看到這一幕，我們一定會非常感動，這也是釀酒時最棒的一點了。」

西田也說：「光要注意到這一點，就已經耗費了我不少時間。現在我也會對下屬說一樣的話。」

公司的規模早已超過一百人，每位員工都學習用自己的頭腦思考。可見旭酒造並沒有受到指南所限制，反而還在製作新的指南。

「我們的酒藏是對外開放的，無論何時、藏內何處都很樂意公開。」櫻井說道。

「因此，員工們每個人都注意到，被他人看到雜亂事物有多麼羞恥。大家越來越少在不易察覺的部分偷懶，甚至還注意起自己的服裝儀容。就是因為他們覺得自己無時無刻都備受檢視。我開始體會藝人的感受了。」

西田笑著說。

「獺祭」之名雖然造成轟動，卻也招致他人批評。然而，只要補齊缺乏的部分，反而還能得到更多收穫。

不以夢幻酒品為目標

從員工人數的增加，就能看出「獺祭」在日本整體經濟停滯不前之時，正以驚人的速度發展中。既然員工人數增加了，酒藏的空間也必須要隨之拓展。

先回頭來看看酒藏的拓建過程吧。

櫻井繼承酒藏時，旭酒造僅有已超過兩百年歷史的本藏，以及一旁的發酵廠。而發酵廠則是一棟平房，僅一部份為兩層樓建築。酒槽共九千公升，當時只大量生產普通酒，沒有生產吟釀用的小型酒槽也無妨。

酒藏改生產大吟釀酒時，櫻井才改用四千公升裝的小型酒槽。

「不管是大型設備或小細節，我們都持續增添酒藏的設備，幾乎把所有手上的資金都投入到設備上了。」

不過，產品卻不可能立刻就暢銷。

櫻井一邊笑著，一邊提到酒槽：「九千公升的酒槽太大，必須丟棄，乾脆就把酒槽切成兩半，並在其中放入四千公升的酒槽。因為就算是二手的酒槽冷卻設備，我們都買不起。你說溫度管理嗎？當然不可能讓整桶酒都冷卻下來。我們甚至還在酒槽外圍捲上塑膠管，並透過流動的水讓酒冷卻。」

這可說是手工版的隔熱桶。

「不過現在回過頭來看，當時任何事情都好有趣啊。」

直到二〇〇〇年，櫻井才決定大幅度整修酒藏。

雖然酒藏位於山間的人口稀少處，看起來土地要多少就有多少，但就是因為這裡幾乎沒有可用的土地，才會成為人口稀少區域。尤其有不少不在地主，就連要找到人進行交涉都難如登天。而以現行的租賃法規看來，租借者的權利較大，一旦租借出土地或房屋，有時也可能拿不回土地，故地主也對租借一事慎重以待。

因此，櫻井決定活用現有空間，並添加新的設備。

「這是不得已的下策。若讓設備廠商的技術人員來看，一定會感到訝異，認為就連他們也沒想過這麼小的空間可以塞下這麼多設備吧。」

另一個急需解決的問題，則是新設的自家精米廠。既然要將米磨到剩下23%，就不得委託外包廠商負責，須自行磨製才能降低成本，但此時也面臨了土地問題。原本的設計圖是將酒藏改為五層樓建築，並將精米廠設置於酒藏內。如此一來，每層樓的空間都會被樓梯和電梯所佔據，只能放棄這個計畫。這時候，出現了一個好消息。櫻井在距離酒藏約六里處，也就是城鎮的中心地帶購入了約一千坪左右的土地。雖然有不少公司都有意願購買，也不乏開出高價的公司，但最後地主卻因為「若是建設酒藏的話，就不會破壞景觀和環境吧」而將土地賣給櫻井。這也是櫻井與生俱來的好運吧。

站在距離此處最近的車站周防高森站，就能見到寫有「獺祭」字樣的建築物，這就是旭酒造的精米廠。

二〇〇七年，「獺祭」仍在持續成長中，但酒藏原有的製造空間已到達極限了。再這樣下去，勉強在這種環境中釀酒，只會使品質下滑，因此櫻井決定再次增建。

到了二〇〇八年，新酒藏的第一期工程就已完成。

二〇〇九年更著手建造新的冷藏倉庫，其規模更是舊有倉庫的兩倍，於同年間完成。此外，該年夏天也開始了新酒藏的第二期工程。

「當時已經搞不清楚自己是在釀酒，還是在蓋房子了。建造時我也投入了自己的錢，看到太太製作的資金紀錄，令我感到頭暈目眩。」

二〇一〇年三月，新酒藏的第二期工程完工，酒藏的生產量提升到七千石（約等於七十萬瓶一升裝酒）。從這時開始，酒藏的建造工程也快速進展起來。

二〇一二年六月，第三酒藏也開始施工，第一及第二酒藏的生產能力合計可達一萬六千石（約為一百六十萬瓶一升裝酒），再加上原本的本藏，旭酒造已經擁有兩萬石的生產量。

然而，櫻井卻不打算停下腳步。

「二〇一三年，我們的營業額是前一年度的151％，今年度則已經成長到158％。因此，我們的首要之務就是加強生產設備，才能夠應付生產量。」

櫻井的這股熱血到底來自哪裡？希望各位可以想起先前我曾提過，必須不影響品質，並將產品送到最末端使用者的手上。

不管是維持一貫的品質，將產品送到顧客手中，還是確實將商品送到有需求的人手上，對櫻井來說都是相同的。只能折服於他驚人的服務精神。

曾有某間酒藏得意地說過：「我們的酒是很難買到的。」即使以定價出貨，卻有餐館會以「這可是很難入手的酒」等理由，將價錢提升到兩千、三千日圓。從這一點就可看出，泡沫經濟年代有多可怕。

櫻井則希望避免這個現象。

二〇一三年，本藏開始重建，並改建為一棟十二樓高的建築，總面積達到 1502.62 m^2，光是這座本藏的生產量就有三萬二千石，若再加上第一、第二酒藏，就有五萬石的生產量。旭酒造已經成為大型酒廠了。

在冠上水獺之名的山口縣深山內，竟然有座如此規模的酒藏，已經震撼了業界。而十二樓高的酒藏也著實罕見。櫻井笑著說：「因為沒有土地，只好讓房子向上發展了。」

這也有其道理存在。只要將原料在釀造之初送到最高樓層，接下來只要一層一層向下送即可。

這些數字轟動了日本酒業界，但也同時引來了反彈。

本藏與原有的第一、第二酒藏一樣，完全符合釀酒作業，更引進各種設備，營造出最理想的釀造環境，讓熟悉作業的員工在此工作。

「旭酒造的目的是不斷提升『獺祭』的品質，因此必須營造出這般環境。」

二〇一五年春天，獺越這座群山環繞的小聚落中，又有新的酒藏建築開始施工。

第五章

接踵而來的挑戰

追求最優質的酒米

前幾章已經介紹過櫻井的主要戰役，也就是釀酒及業務等方面。其實櫻井在這些戰役背後，又開始了另一場游擊戰。不，但這場戰役與日本農業之根息息相關，也可說是一場正式的戰爭吧。

這場戰爭的主角就是酒米。

對於日本酒來說，酒米就是一個相當關鍵的瓶頸。大家都想用山田錦釀造出好酒，但卻無法獲得山田錦。能取得多少山田錦的數量，成為該酒藏可生產多少吟釀酒的基準之一。

山田錦是兵庫縣農業試驗場（現為縣立農林水產技術綜合中心）所研發的品種，這種米的顆粒較大，相當適合釀酒。山田錦主要生產自兵庫縣，旭酒造約有70％的山田錦須仰賴兵庫縣出貨。

但兵庫縣產的山田錦有個特殊的生產制度「村米」，產地以村為單位，與特定的酒藏簽訂合約，而該村落所生產的山田錦全都會送到同一座酒藏。酒藏也可對山田錦的品質提出意見，並加以改善。這個合約方式原本始自灘的大型酒廠，今日其他縣市的酒藏也可加入，並不限於灘的酒藏。

旭酒造也與加東市藤田地區簽下村米合約，但藤田地區被列為特A等級地區，也就是「再怎麼想要也無法取得」的極珍貴產地，生產出最高級的山田錦。這座村莊共有四十九戶農家，耕種面積約六十公頃，山田錦的生產量則有一千八百俵[1]的規模。

其他特A地區的山田錦若尚未與廠商簽訂合約，就會引發一波爭奪戰。此時，由農會負責判斷哪個農家生產給哪座酒藏、又該生產多少米。因此，當時的藏元大多會招待農會員工，希望農會可以幫忙，讓自己取得越多優質的山田錦。

愛知縣有座酒藏主要生產「義俠」這種酒，當時他們想自己購得山田錦，不透過農會，沒想到引發的摩擦至今仍是話題。但也因為這

1　日本計算米的單位，一俵＝六十公斤。

件事情，有越來越多農家與酒藏直接簽約，或者自行出貨至酒藏。

到了今日，農會已經變成要向人低頭，說著「請買下山田錦吧」，櫻井跟農會的戰爭也從這開始。

「米賣不出去，因此即使要求要擴大米的消費，日本的農業卻是『高傲』農業。」

山田錦賣得很貴，很多人可能會認為，那就讓農民種多一點山田錦就好了。不過，山田錦其實是一種非常費工的米，其稻穗很高，颱風季時很容易倒塌。此外，每一季的收穫也沒有那麼多，加上其插秧及收割時期也與一般食用米不同。

但是耕種時，若不與鄰近田地的農民一同插秧，也會引發農業用水過多或不足的問題，而收割時間過早或過晚也會引發鳥或蟲害。

總之，和其他人種植一樣的作物較為輕鬆。這麼一來，大家可以互相幫忙、互相分水使用。

「我一心只想釀造吟釀酒，對我來說，農業是一個自己無法想像的世界。就算那一季的收成太少，也無法用金錢補給農民，要他們種出更多的山田錦。這不是錢的問題。」

在櫻井苦惱不已之際，過去他父親曾有一塊約一町步（三千坪）的土地租借給他人耕種，但租借的農民表示「已經老了，無法繼續耕種」而還給他們。

當時旭酒造尚未實施四季釀造。

「冬天太過忙碌，但夏天卻無所事事，既然如此，就讓員工來田裡工作吧！」櫻井想。儼然是過去杜氏在農閒時到酒藏幫忙的翻版。

不過，這又遇到了一個問題。

「在農業的世界中，我們都是外行人，若是購買米的顧客，農民當然會對我很客氣，若成為了同行，認真做起農業，一定會引發一些問題。我們耕種山田錦這個計畫，連續三年在插秧前遭到經濟聯[2]切斷供給。每一次，我們都得找幫手協助，好不容易才取得。」

2 全名為經濟農業協同組合聯合會，類似於各地的農會。

櫻井非常生氣，更放話：

「以後我們絕對不會透過縣內的經濟農業組織買米！」而這個宣言至今仍然生效。

先前曾提過「義俠」的例子，在當時，像這樣由酒藏引發的「起義」行為相當頻繁。因農會的態度傲慢，加上酒藏早已受不了，就引起了一場場紛爭，儼然像戰爭般激烈。現在有不少酒藏都跟櫻井一樣，直接找農民交涉購買，因此農會才不得不低頭，請酒藏購買酒米，真是自作自受。

「不和經濟聯交易以後，我也覺得從縣或農會的束縛中得到解脫了。」也就是說，只要是好的米，櫻井可以到日本各地購買。雖然經濟聯是一個相當官僚的組織，但各個農會中熱心的人還是有的。不，應該說這樣的人很多。

「看到我們的辛苦，有些農家就會協助我們，給我們他們生產的山田錦。當時兵庫縣的 Minori 農會就協助過我們，至今仍是我們相當重要的夥伴。」

櫻井和這個 Minori 農會的淵源是這樣的，雖然旭酒造使用的是兵庫縣的山田錦，但卻難以取得好的山田錦。櫻井也從山田錦的第二大產地九州糸島地區購買品質較好的山田錦。櫻井當時與加東市 Minori 農會會長多次見面後，開口說：「旭酒造只將兵庫縣的山田錦作為掛米[3]使用，而麴米是用福岡縣的山田錦。」

會長聽聞，感到相當震驚。畢竟兵庫縣的山田錦被譽為日本第一，就連經濟聯都小心控制出貨量，卻被櫻井說得這麼一文不值。

結果，見面後不到一個禮拜，會長造訪了旭酒造。司機開著豐田 CROWN 行駛過蜿蜒的山路到來，會長說：「都被你說成那樣了，我嚥不下這口氣。我拿我們最好的山田錦來給你，你就做給我看。」

因此，當年旭酒造取得了裝滿兩大台拖車，約為三百六十俵（一俵＝六十公斤）的山田錦，從此旭酒造也陸續與 Minori 農會合作。

3 用來增加酒母或酒醪份量、先蒸過的原料米。

櫻井外表溫和，完全無法想像他能做出像威脅經濟聯，或是將會長罵個狗血淋頭這般激烈的事蹟。不過，我當然很了解，他該做的時候就會展現出魄力。

對櫻井來說，山田錦的品質最為重要，並不在乎是否為當地或國內生產。他也曾公開說過，自己曾毫不猶豫地使用過澳洲產山田錦。之後我會再提及，今日「獺祭」早已躍升為國際品牌，原料即使源自其他國家也不壞。櫻井笑著說：

「獺祭的營業額中，旭酒造所在的山口縣僅占了15%左右，若以最近常聽到的『自產自銷運動』來說，我們可是遠遠不及啊。」

我一向認為自產自銷和地區復興一樣，都是不可靠的活動，也許櫻井也有同感吧。好的東西到哪裡都賣得出去，好的東西不管從哪來都要買。像這樣不受拘束的觀念，也成為「獺祭」的能量來源之一。

直營店「獺祭 Bar23」

櫻井的目光現在鎖定在喝酒的人們身上。當然，櫻井仍時常造訪各家專賣店或餐酒館，但在櫻井的眼中，現在及未來，更須鎖定飲用者。而這不只是日本國內，到了國外也一樣。

二〇一三年五月，「獺祭 Bar23」在東京京橋開幕。店面規模不大，只有十六個座位，包括以櫻花木板製成的吧檯座位，及僅有兩個座位的小型店。店內設有約一坪大小的賣店，主要販售「獺祭」等商品。這裡是個可以享受精緻餐點靜靜喝酒的地方。

「開幕以後令人訝異的，是女性客人佔了大多數。餐廳從午餐時段就開始營業，不少帥氣的女性會在這裡一口氣喝下日本酒後，再前往下一個行程。」

聽到這個情況，我心想，這和法國、義大利的生活相同呢。在午餐時間喝下香檳或白酒，再開始下一個工作。我想這番情況也相當自然，更幫自己找了「日本也終於開始有白天喝酒習慣」的藉口。

沒有什麼事情可以比日本人在大白天喝酒還令人有罪惡感，我時常在尋找中午就有提供酒的店家，但大概只有蕎麥麵店會堂而皇之地在中午提供酒，因此我非常喜歡蕎麥麵店。

店內的員工大多不了解「獺祭」，大多只是有相關工作經驗，碰巧看到徵人啟事，便來應徵罷了。員工也與過往經驗比較，發現店內有這麼多年輕人及女性顧客，著實令人訝異。說不定比起國外，「獺祭」已經在國內開創全新的客群了。

就櫻井的角度看來，想必是意料之中的結果吧。

在這家店內的「獺祭」一定不便宜。

只在這家店才能喝到的「Otter Fest Sake」一杯要價七百五十日圓，「獺祭 磨之先驅」一杯則要六千五百日圓。

「也有人認為價格太高昂了。其實，公司內部也有批評聲音如『價格太高了，會破壞獺祭的形象，讓人覺得我們好像在牟取暴利，不會有客人來的』。」

但櫻井卻認為「最近酒有點太便宜了。」

「就算現在正當紅，但若酒藏得意忘形，開始偏向低價政策，一定會有不好的下場，這是作繭自縛的行為。」

這正是最讓日本苦惱的通貨緊縮理論吧！二〇一三年五月，店家開幕之初，日本正值通貨緊縮期間，之後日本經濟也並未好轉。雖然我批評了一堆，但當時的雜誌卻常出現「日本酒特輯！一千日圓就能喝到」等介紹，或如「千醉」等，帶有「只要一千日圓就能喝到爛醉」的詞彙出現。我從來沒見過這麼低級的用語。

日本酒本來就是嗜好品。我認為這類商品具有其令人驕傲之處，購買商品就等於是投資其背後的文化。尤其日本酒更是如此。如果只想喝醉，那喝「White liquor」[4]就好啦！櫻井跟我想的一樣，從我們

4 使用製糖殘渣發酵後製成的便宜酒精，沒有任何香氣或味道，較接近酒精溶液，常用來製作不同口味的酒精飲料。

初次見面後，我就發現我們的想法驚人地合拍。

「我也喜歡喝酒，也想要大口喝便宜的酒。不過，一些便宜又好喝的葡萄酒就不會像日本酒般行情下跌。」

為什麼日本酒會這麼便宜呢？只要是高級的葡萄酒，都有其深厚的底蘊，但就算是同樣高級的日本酒，卻往往缺乏故事性。這麼一來，看似平淡無奇的酒就會越來越便宜了。就像我先前提過的，喝酒也是在喝其背後的文化一樣，日本酒自從捨棄了這一點後，就走入漫長的凋零期。櫻井希望藉由這一點扭轉局面。

櫻井到東京後，便順道過去自己的店面。

「有時我也會一個人長時間坐在吧檯，員工也不會說『社長您又來了』，就特別招待我，我都會自己付錢喝酒，一邊觀察顧客們。」

其實，櫻井會開設這家店，就是為了想加強海外業務拓展。之前提過葡萄酒的狀況，我想櫻井應該有種自負，認為若能有日本酒能與葡萄酒並駕齊驅，那也絕對是「獺祭」。果然櫻井開口說：

「我認為一定要在海外開設直營店，因為國外雖然掀起了日本酒風潮，但我想他們一定不是在日本酒最美味的狀態下飲用的。我們會透過批發業者將商品銷售到國外，不管是批發業者還是販售的店家，一定沒有辦法徹底了解旭酒造的理念，及酒的保存狀態。因為店家平常大多以常溫保存，要喝以前才會冰起來。」

櫻井在國內希望以最末端使用者，要將最原始的產品完整送到消費者手上，而他也打算將這個理念付諸於國外市場。

「因此，我想開設店鋪，讓經過嚴格溫度控制的日本酒可以搭配菜餚，提供給顧客享用。我希望『獺祭』不是讓人用來喝醉的酒，更希望從大家口中聽到美味二字。」

於是，櫻井又邁向下一步。

第六章

加速

獺祭 磨之先驅

櫻井的兒子一宏成為進軍海外的先遣部隊。

他在大學畢業後，曾擔任上班族七年，之後才進入旭酒造工作。二〇〇五年，在進公司隔年，一宏就以紐約為基地，成為海外業務拓展的關鍵人物。

櫻井自己與父親處不來，因此特意將兒子一人放到海外業務的重要據點紐約去。

「我只覺得既然他沒有在日本任何一處酒藏工作過，就讓他去紐約吧。完全沒有思考過他的語言能力、經驗等問題，就在他連方向都搞不清時就丟了出去。我想至少還是要幫他打理好生活的空間，就讓太太去陪他租借公寓。太太則說『他會在黑板上寫下自己該做什麼才好，有時間做這個，還不如實際走出去做。他果然還是搞不清楚呢。』不過，我在繼承酒藏時也完全搞不清楚狀況。我也是做了不少事情，讓旁人看了都覺得我是個傻瓜，但也還是走到今日這個田地。」

對兒子來說，也認為自己不可能做不到。

一宏會做的事，就是在發現可能會訂貨的店家後，飛奔到店內，直接與對方交涉：「『獺祭』很好喝，希望你們可以訂貨。」

他也積極規劃試喝大會等各種活動，讓獺祭粉絲逐漸增加。

一宏說：「吟釀、大吟釀、純米、原酒等日語詞彙已經逐漸融入美國人的生活，甚至不少以日本酒為主的酒吧或餐館，即使在平日也湧入不少顧客，讓我相當訝異。而且也有不少人並非『只要是清酒都可以』，還有自己喜歡的酒品，或相當清楚各種品牌。」

他認為獺祭可以在這裡銷售。

在我看來，日本酒風潮顯然與美國暫時景氣下滑有關。大概是當地人在這段時間，無法帶著女性到高級餐廳，點一瓶一百美元的葡萄酒所致。兩、三百美元的葡萄酒更不用說了。

不過，只要花一百美元，就能買到相當高檔的日本酒，看起來很體面。

甚至這些人只要說出「你知道Sake嗎[1]」，還會被人另眼相待。

一宏觀察的地方是紐約，日本酒在這裡相當普遍。伴隨著這個現象，日式料理在當地也相當受歡迎。

其實，「獺祭」的價格訂得恰到好處。雖然大家都說越便宜越好，但太過於便宜也會拿不上檯面。尤其「獺祭」在國外可是被定位為高級日本酒。

在一宏等人的努力之下，今日「獺祭」已銷往全球二十個國家，在國外的銷售額更佔整體銷售額的一成。接下來，櫻井和一宏目光所及處，則是法國巴黎。

一宏在紐約期間，注意到當地餐廳員工只要不會說法文，就不會成功，也就是美國在飲食上的法國情結。

「如果想將酒賣給全世界，就應該著眼於法國。」

兩人都很關心，世界美食之都巴黎的人會怎麼享用「獺祭」，也決定在法國巴黎開設朝思暮想的直營店。在開設直營店之際，旭酒造也同時成立了「Dassai France」公司，由一宏擔任社長。

店鋪設立於凱旋門附近，位於香榭大道上卡地亞店面轉彎後的第三間店面，地點相當好。過去餐廳「Stella Maris」也開設於此，其主廚就是第一位獲得米其林星級肯定的日本人。由這一點就可看出，櫻井背負著日本酒業界的名聲前往巴黎闖蕩的決心。

他們設定的客群有兩種。首先，因周遭有不少大使館等機構，故商務客較多；第二則是日本來的觀光客，二〇一二年，造訪巴黎的日本人約有五十四萬二千人之多。

「價格比日本國內來得稍高，但我想創造一間大家都能滿意的店。首先就是據點，我想做好所有事情，再拓展業務，不做的話就無法拓展，因此最重要的就是集中精力去做。」

1　為英語中日本酒的意思，源自日語清酒的發音。

二〇一三年十二月，他們在店鋪預定地對面的餐廳「L'ATELIER de Joël Robuchon Etoile」舉辦開幕派對。

「開設在地啤酒餐廳時也一樣，我覺得既然要做，就乾脆招搖一點，甚至施放煙火也不錯。有一百多人參加，他們更感到驚喜，發現『日本酒原來這麼美味』。」

確實，他們也搭上了日式料理風潮的順風車，但櫻井已有覺悟，認為在巴黎的前幾年都不會有利潤。

「在法國販售『獺祭』之初，效果還算不錯。不過，還想再乘勝追擊時就已到極限了。因為『獺祭』賣得不錯，其他批發商也開始銷售各家酒藏的商品，這麼一來，我們的營業額就逐漸下滑了。既然如此，我決定開設適合搭配『獺祭』的日式料理店決一勝負，直營店就是因此而開設的。」

櫻井本[2]來打算店鋪也要延續日本的傳統，在派對結束後，三月時才要開幕，但到了國外，一切都沒有這麼容易。

「法國的夏天有長假，但春季時公家單位也會休假約兩個禮拜。此外，店面外觀還要經當地居民同意才能變動，規定很多。不過，這也是有趣的部分啦。」

櫻井內心早已下定決心。

「『獺祭開店了，但日本酒也沒什麼了不起。』我很擔心有人會抱持著這種想法，我希望讓眾人看到日本酒的世界有多厲害。既然要做，就要做到最好。」

看吧，櫻井雖然笑嘻嘻的，但又打算背負起整個日本酒業界的未來了。

「只要能讓原本不瞭解日本酒的人，從此知道日本酒的好，我就能開始下一步計畫。」

不過，劇情卻急轉直下。

2　日本的三、四月進入春季，也是新年度的開始。

房東聯絡他們，因為想重新開發土地，希望收回店面。

然而，櫻井也不因此氣餒。巴黎歌劇院附近有許多便宜的日本料理店林立，他不打算在當地開設店鋪，只是一股腦地在香榭大道、聖奧諾雷市郊路等高價地帶尋找新店面。

櫻井蓄勢待發，但卻不著急。

一直到二〇一四年秋天，旭酒造在巴黎的店面仍然不見蹤跡。

順帶一提，雖然要進軍海外，但櫻井並不打算為此推出特別商品。他並沒想過要在法國銷售，就得開發符合法國人口味的酒。他認為「獺祭」不管到哪裡都必須是相同型態、相同口味。不過，實際銷售後，海外各地也出現了不同意見及反應。

香港來了這般意見：「雖然可以用中文念出『獺祭』二字，但卻無法用粵語發音，請改用香港人讀得出來的名稱。」這般強人所難的要求，也很有中國人的風格。

而到了歐洲，則收到這種反映：「歐洲人喜歡更強烈的味道，請照著我們的喜好去做。」

不過，櫻井拒絕了這些要求。

「『獺祭』是我認定的好酒，所以我不打算改變。」

聽聞此言，大概會覺得這人真是傲慢。

不過，日本人到了波爾多，難道會要求酒商釀造符合自己口味的葡萄酒嗎？難道日本人到了羅曼尼・康帝酒莊[3]，有要對方推出符合日本人喜好的酒嗎？櫻井也只是貫徹了日本人的自豪之處罷了。

「既然『獺祭』能賣到海外，我們也可以吧！」

許多在地的藏元便申請了縣府補助，打算進軍國外，但結果卻不盡理想。不過，縣府的補助通常僅有一次。若要讓產品在海外穩定銷售，要嘛必須取得持續的資金援助，或者不自掏腰包投資，就可能半途而廢。旭酒造在進軍海外的投資金額則不容小覷。

3 世界最貴的葡萄酒之一。

「錢全部都用到酒藏上，畢竟釀酒實在很有趣、很開心。也許有人會說這是過剩投資、過剩的設備、過剩租金、原料費用過高等，但對我來說，可以靠釀酒玩上一輩子。」

倒是負責管理資金的太太有點無力。

櫻井並不信任所謂的補助款，有了錢不代表一切就能順利，但政府官員會透過補助款限制業界，甚至整個國家的方針都受到影響。櫻井深知此道，就如同當初難以取得酒米一樣。

「現在的『獺祭』也相當危險，一直以來都不受重視，現在卻突然被眾人吹捧。國家開始出手干涉，才是危險的徵兆。」

看在那些對國家鞠躬哈腰的人眼裡，這是多離譜的言論啊！但櫻井就是有這種獨立的自尊心，才能將獺祭一路發展到這個地步。

雖然獺祭被列為日本政府 Cool Japan 策略的領頭羊之一，但官員只有在人得勢的時候才會靠過來。

「不管國家有沒有支援我們，我都打算靠著自己的力量，堅持自己的路走下去。」

櫻井也可說是真正的愛國人士吧。

我認為櫻井用他自己的方法應對官員。現在旭酒造推出的最高價商品為「獺祭 磨之先驅」，720 ml 裝的價格在日本國內為三萬二千四百日圓。

櫻井想做的，是能在海外與葡萄酒並駕齊驅的商品。

不過，這麼高價的酒卻不屬於純米大吟釀，而是以普通酒的名義發售。這是為什麼呢？

「獺祭 磨之先驅」是比「磨 二割三分」更加高級的酒，實際的精米度更在23％以下。正確來說，其精米度是依據當年山田錦的狀態所調整。一般來說，其最高極限約為19～21％。

不過，根據日本酒稅法的規定，必須清楚標示出精米度，才能依此徵稅。因此，無法每年變更標示內容。

「造成顧客的混淆就不好了。」

思考過後，櫻井決定捨棄標示，將最好喝的酒以「普通酒」的名義出售。

一般人都會反其道而行。就算原料只能勉強符合酒稅法條件，釀造或儲藏條件也遊走於吟釀的模糊邊緣，這些酒只要標示了精米度，就會用「吟釀」或「純米大吟釀」之名上市。

只要遵守「上行下效」的規則，就沒有問題。但就算是再厲害的酒，因為無法遵守「上面的」規則，櫻井就只能用普通酒的名義銷售。不過，櫻井認為，到了海外市場，日本的這套規則就不再通用，而這也是農業等其他產業早已經歷過的現象。有人說簽署ＴＰＰ[4]，日本的農業就會遭到破壞，反過來看也是如此。

「法律是國家認為『理所當然』而去規定的，但實際上很多事情是因酒藏工會組織的陳情才決定的。」

櫻井一針見血地說。這也是所有業界的共通經驗，最後往往因業界的怠惰傲慢，而被公家單位騎到頭上來。但公家單位就是公家單位，各個行業像這樣不斷勾結向上，也會持續削弱日本的國力。因此，櫻井又在這問題上插入了一把利刃。

「法律不會幫助這些想挑戰新事物的酒藏。」

放眼各個產業，有幾個經營者敢這樣說呢？

櫻井不看公家單位的臉色，只打算以自己的雙手釀酒，並堂堂正正地代表日本，與世界絕一勝負。

4 TPP全名為「跨太平洋戰略經濟夥伴關係協議」，是前美國總統歐巴馬任內推動的策略，但美國在川普上任後已決定退出。

第七章

邁向未來

清酒
純米大吟醸
磨き二割三分
遠心分離
アルコール分 16度
原材料名 米(国産)・米こうじ(国産米)
精米歩合 23%
DASSAI 23

向安倍總理傾訴酒米缺乏問題

就如先前所敘述的，櫻井確保酒米供給量的戰爭是源自一個人的叛亂，但同時也在各地引起不少志士群起抗爭。

二〇一三年，「獺祭」長期缺貨，酒藏的生產能力早已突飛猛進，問題出在酒米缺乏的現象。訂了四萬三千袋的山田錦，卻只來了四萬袋，原因則是山田錦已連續三年欠收。

不過，日本政府因稻米過剩而實施減量政策，國內隨處可見許多未耕種的田地。既然如此，為什麼酒米產量卻不足呢？櫻井對此感到相當不解：

「我們向兵庫縣的合作農家詢問後，卻得到『我們也想種更多米，畢竟有不少閒置的田地』的回覆。」

不過，就如同先前在加入農業處所提過的，農業界相當注重群體關係。

「在農村實施『一視同仁的平等減量政策』後，不管農家態度積極或消極、技術優秀或毫無建樹，還是稻米是否為目前較欠缺的品種，都一視同仁，一律減量。」

因此，櫻井又開始了他的戰爭。當然，他早已知道會受到疏遠，但仍四處爭取，甚至還向農林水產省[1]的官員抗爭。

這件事也傳到了日本內閣總理大臣安倍晉三的耳中。

四月，櫻井到了自由民主黨總部與首相會面，更極力說服同樣出身山口縣的安倍首相。

「獺祭」上個年度的銷售額成長了151%，本年度更已成長了158%，甚至出口至美國、法國等20個國家，國外的銷售額也占了整體銷售額的一成左右。而未來還有更大的計劃，如在巴黎、紐約等地開設「獺祭」直營店「獺祭 Bar23」，擴大國外出口量。

1 隸屬於日本中央的農業相關機構，類似於台灣的農委會。

雖然有如此雄心壯志，但釀造時卻面臨了酒米不足問題。相較於一般食用米，釀酒專用的山田錦價格高昂，適合栽種的田地充足，不少栽種山田錦的農民更有意願增加產量，不管對於農民、酒藏、消費者來說，增加山田錦產量都是有利無弊的。此外，安倍首相也大力推廣所謂的「Cool Japan」計畫，希望促進日本農業出口國外。增加山田錦的產量，也能對安倍首相的計畫有所貢獻不是嗎？

櫻井就這樣熱切地說著。

「不好好利用這方式真是太可惜了。」安倍首相說。

看來，他也理解酒米不足與現今政策互相矛盾的問題了。

安倍首相在十月與俄羅斯總統普丁會面時，更以「獺祭」作為其生日賀禮，並向普丁介紹這款酒來自自己的故鄉山口縣。

櫻井認為這就是安倍的回覆。

結果如何呢？

日本政府決定於平成二十六年（二〇一四年）調整酒米生產政策。

「確定調整酒米產量時，據說農水省的官員一臉不悅地表示：『只有獺祭的酒米需求量不足而已吧』。」

看來是首相官邸直接對農林水產省下的指令，否則官員也不會提到「獺祭」吧。可見櫻井的訴求成功了。之後，我們才終於了解到底是怎麼一回事。農水省之所以實施這個新政策，並不是因上述的理念所致。似乎是首相官邸詢問農水省「酒米缺乏的現象是怎麼回事？」而酒米產量不足，就會導致日本酒出貨量下跌，連帶的，酒稅也會減少。日本負責管轄酒稅的部會為財務省，是農林水產省最敬畏的單位。據說，就是財務省提出「必須放寬酒米的管轄，才能增加日本酒出口量。」

因此，農水省也只能聽命。

不過，櫻井並不是僅鎖定於酒米的問題上。

「農水省的高級公務員內心其實覺得減少耕作面積並不好，也希望為了日本做點什麼努力。不過，受限於組織倫理，卻無法制止這個策略。他們並未守護米，而是守護了組織。」

聽到農水省的公告，某縣的農家立刻反彈。

「我認為山田錦的產量減少，對一些人來說反而是好的。酒米產量少，價格才不會崩落，農民也才會賺錢。」

二〇一四年二月，櫻井以藏元的身分參加兵庫縣加東市舉辦的加東酒米生產者大會。包括特 A 山田錦的生產農家，以及市長、國會議員、Minori 農會會長都出席，至於藏元則從灘五鄉及伏見等地前來，而地酒代表「龍力」、「義俠」、「真澄」也都與會。

在安倍政權下的林農林水產大臣（當時職稱）推動了酒米生產調整政策，山田錦因此產量不足，這也影響了生產者，共有五百人參加這場大會，並決定大幅增加產量，將目標訂為五萬俵。

當時發放的資料中，明確記載了過去二十五年間兵庫縣山田錦的出貨量及價格變動。

兵庫縣的山田錦產量最高為一九九四年的三十三萬五千七百四十一俵，二〇一一年卻跌落到僅有十七萬三千一百五十二俵。這就算了，最重要的是一九九三年，每俵價格為三萬一千日圓，但二〇〇九年卻降到了最低價二萬四千九百日圓。儘管已調整產量，價格仍然下跌。順帶一提，二〇一二年、二〇一三年的價格稍微提升，但這是因為旭酒造都用正規價格，購買每年大型酒藏買剩的米所致。

就像農水省的官員所說，山田錦不是只有賣給「獺祭」。因此，山田錦的產量增加，對其他酒藏來說也是一件好現象。就連大吟釀等特定名稱酒的產量也有所提升，櫻井就某個角度來說，也是送了武器給敵人。

不過，他也沒有漏掉這個問題。先不論部分農家的反彈，他也證明了與其用這個資料生產少量產品，不如生產一定的份量，才能提升整體價格。

「畢竟無法供給的產品就沒有價格，就算自己提升價格，但整體環境無法提供產品，就不會引起買氣。LV收到了一百個訂單，只會製作九十九個產品，但所有人都人手一個LV。就是因為供給量穩定，才會有一百張訂單。我希望他們不要誤會了最根本的問題。」

櫻井覺得還不夠。

全日本的山田錦產量約為三十萬俵，但櫻井卻想要其中的二十萬俵。

「我不想要搶奪其他酒藏預訂的山田錦，如果無法提供二十萬俵的山田錦，那就讓全日本都耕種山田錦吧。只要把整體產量提升到六十萬俵，我就想拿走其中的二十萬俵。不過，就算真的提升到六十萬俵，我也難以取得二十萬俵的山田錦。我仔細思考了一下，覺得一定有什麼阻礙。」

櫻井很熟悉這個國家的陋習，每當有新人加入時，就會遭受惡意對待。

不過，只要知己知彼就不會畏懼戰爭。櫻井深知敵人之道，之後也持續奮戰。

其實，有不少像長印魚般的惡劣小團體會附著在農會或農水省等大敵旁，藉此橫行霸道。前年度，竟然有並非全農或全集連等正規集貨業者的組織，打著「獺祭」之名造訪岡山及兵庫的山田錦農家，一一收購山田錦。甚至還提出山田錦不夠的話，就混入北錦一同出售。

「大概是一些掮客發現山田錦產量不足，打算收購後高價賣出吧。當然，他們跟我們完全無關，甚至連接觸都沒有過。我想這些人是打算將米賣到最不熟悉山田錦的東北地區酒藏，我認識的酒藏也說過今年得對酒米實施DNA檢查。」

因為這件事情，櫻井以自己的名義對其他酒藏及農家等相關單位，發布了一則告示。

警告文

平成二十五（二〇一三）年十月二十六日

致　諸位山田錦栽培農家　及

使用山田錦的諸家酒藏

最近，有不屬於全農或全集連等正規集貨業者的不肖單位，打著「收集獺祭原料」的名號逐一造訪岡山、兵庫等地的山田錦栽培農家，希望收購山田錦。

這些業者與本公司・旭酒造株式會社毫無關聯。此外，至今本公司都未與其有任何接觸。想必這些業者看準了山田錦產量不足現象，打算賺取價差牟利，但這種行徑只會破壞認真栽種山田錦的農家，將其至今的努力付諸流水，更將農家玩弄與股掌之間。

對本公司來說，從未考慮向這些不肖業者購買山田錦。此外，也懇求全國的釀酒同業可明辨是非，拒絕購買來路不明的山田錦。

同樣的，也懇求農家們，為了眾人的未來，請拒絕販售山田錦給這些不肖業者。

一旦這些業者持續猖狂作為，過往山田錦生產者及我們這些酒藏的努力，希望將山田錦品牌化、訂立合理價格、穩定栽培農家經營的目標，就會化為虛無，甚至任由這些業者詐取不利所得。

這些不肖業者因「今年山田錦產量不足」而收購酒

米，但當山田錦因豐收而供給過剩時，也不會以合理的價錢收購，協助農家穩定經營。

祈求諸位能英明看待此事。

旭酒造株式會社
社長　櫻井博志

明明自己就已經忙不過來了，這男人還真是雞婆啊。不過，這件事情和他想提升日本酒業界，更背負著日本酒之名出國闖蕩的志向並不衝突。

櫻井直接找上內閣總理大臣，要求改變減少耕作面積政策，也許也成為改變日本農業，甚至是整個產業的契機。

這個源自山口深山，水獺之鄉的動作，是否能夠改變日本、改變世界呢？

希望旭酒造可如同過往山口當地的志士般崛起，完成維新大業。

後記

其實我自己幾乎從不閱讀後記，看到這些，出版社編輯可能會感到灰心喪志，但我對於自己一口氣寫出的作品有一定的自信。

但這本書的後記倒是相當純粹。原因之一，是因為我很久沒有撰寫這般非虛構的書籍，對於內容沒有什麼自信；第二則是我不想造成櫻井博志這個人的困擾。這也是我第一次以人物為主題撰寫的作品。

知道安倍晉三首相撰寫了本書的書腰，讓我受寵若驚。會緊張也是理所當然的吧，再怎麼隨興的人，還是會畏懼權威的。

無論如何，我透過這本書，才真正的讓「日本酒與自己」面對面。在我離職後，想靠著自己的文筆養活自己時，日本酒則是促使我自立自強的關鍵。因為有當時的連載文章，我才能獲得收入，更在稿費之外，獲得藏元們招待的好酒佳餚。不，我更藉著這個機會了解到日本各地的想法，也因此影響了我日後的工作。

日本酒業界若面臨「已經不行了」等下滑狀況，反而更好下筆。但日本酒卻奇蹟似地復活，此時若想用外界的眼光，寫出「真是厲害」等評語也並不難。最困擾的，就是因為自己身在其中。

老實說，我也對日本酒復甦貢獻了不少。一開始我只打算寫寫日本酒來餬口，卻因此和日本酒有了關聯。這種關係實在難以形容，我看著自己寫的後記，一邊想著「這樣講會不會太驕傲了」而刪除後，卻又認為「但這是事實啊」，又復原了這些文字。這是從我擔任文字工作者時期以來，第一次有這種感覺。在後記寫上自己的藉口也是相當少見。

也就是說，這對於我來說是「自己內心」的話，我一向討厭私小說[1]，到了這個年紀，也羞於寫出自己的情況。不過，櫻井博志這個從谷底爬起的男人有著一股開朗，我也被這個特質所救贖了。

1 取自作者自身經驗、曝露自我情況的文學體裁，是日本近代文學主流。

安倍晉三先生與我、安倍與櫻井、或是藏元與我，我們都有著不同的邂逅機緣。就像書中寫的，我進出最危急時的酒藏，更與下台後的安倍一同飲酒，甚至在我和家鋪隆仁、安倍一同泡溫泉時，藏元還送來了「獺祭」。而家鋪隆仁和同時有過交流的三宅久之都突然離開人世，讓我感到茫然，甚至覺得撰寫這本書也不太真實。櫻井、安倍和我曾共同身處同一時間、空間，我也希望將這本書獻給當時曾與我一同歡笑的二位。

而最重要的，則是如何讓這個國家再次站起，以回饋這兩人。我決定寫下「獺祭」的故事做為先驅，紀錄過去日本積弱不振的這二十年間，即使在這番驚滔駭浪中，仍有一位人物及企業昂然挺立著。希望讀者能夠了解，這不是什麼輕浮的故事。即使遭受多次挫折，只要每個日本人都能確實面向前方、堅持自己的任務，就一定會獲得世界的認可。我認為，維持這樣的日本，才是真正的「保守」之意。和安倍先生交談後，我也相信，他和我有著相同想法。

我罕見地受到書中主角及書腰推薦人 安倍晉三先生所影響，寫了這篇後記，但我也是無可奈何。偶爾這麼做也無妨。畢竟我一向任性妄為，卻終於「認真」寫出了這一本書。

獺祭－歸零再起，深山小酒造的谷底翻身奇蹟

作　　者　勝谷誠彥
譯　　者　林倩伃、林依璇

發 行 人　林敬彬
主　　編　楊安瑜
責任編輯　林子揚
內頁編排　何欣穎
封面設計　陳伃如
編輯協力　陳于雯、丁顯維
出　　版　大都會文化事業有限公司
發　　行　大都會文化事業有限公司
11051台北市信義區基隆路一段432號4樓之9
讀者服務專線：(02)27235216
讀者服務傳真：(02)27235220
電子郵件信箱：metro@ms21.hinet.net
網　　址：www.metrobook.com.tw
郵政劃撥　14050529 大都會文化事業有限公司
出版日期　2018年02月 初版一刷
定　　價　350元
ISBN　978-986-95500-5-5
書　　號　M180201

獺祭－天翔ける日の本の酒

國家圖書館出版品預行編目（CIP）資料

獺祭：歸零再起，深山小酒造的谷底翻身奇蹟 / 勝谷誠彥著；林倩伃譯 林依璇審譯. -- 初版. -- 臺北市：大都會文化, 2018.02
224面；14.8×21公分.

ISBN 978-986-95500-5-5(平裝)

1.旭酒造株式會社 2.企業再造

494.2　　107000399

大都會文化　讀者服務卡

書名：獺祭－歸零再起，深山小酒造的谷底翻身奇蹟

謝謝您選擇了這本書！期待您的支持與建議，讓我們能有更多聯繫與互動的機會。

A. 您在何時購得本書：______年______月______日

B. 您在何處購得本書：___________書店，位於___________(市、縣)

C. 您從哪裡得知本書的消息：

1.□書店　2.□報章雜誌　3.□電台活動　4.□網路資訊

5.□書籤宣傳品等　6.□親友介紹　7.□書評　8.□其他

D. 您購買本書的動機：（可複選）

1.□對主題或內容感興趣　2.□工作需要　3.□生活需要

4.□自我進修　5.□內容為流行熱門話題　6.□其他

E. 您最喜歡本書的：（可複選）

1.□內容題材　2.□字體大小　3.□翻譯文筆　4.□封面　5.□編排方式　6.□其他

F. 您認為本書的封面：1.□非常出色　2.□普通　3.□毫不起眼　4.□其他

G. 您認為本書的編排：1.□非常出色　2.□普通　3.□毫不起眼　4.□其他

H. 您通常以哪些方式購書：(可複選)

1.□逛書店　2.□書展　3.□劃撥郵購　4.□團體訂購　5.□網路購書　6.□其他

I. 您希望我們出版哪類書籍：（可複選）

1.□旅遊　2.□流行文化　3.□生活休閒　4.□美容保養　5.□散文小品

6.□科學新知　7.□藝術音樂　8.□致富理財　9.□工商企管　10.□科幻推理

11.□史哲類　12.□勵志傳記　13.□電影小說　14.□語言學習（_____語）

15.□幽默諧趣　16.□其他

J. 您對本書(系)的建議：

K. 您對本出版社的建議：

讀者小檔案　FB（臉書）帳號名稱_________（必填）

姓名：______________ 性別：□男 □女 生日：____年____月____日

年齡：□20歲以下 □21～30歲 □31～40歲 □41～50歲 □51歲以上

職業：1.□學生 2.□軍公教 3.□大眾傳播 4.□服務業 5.□金融業 6.□製造業

7.□資訊業 8.□自由業 9.□家管 10.□退休 11.□其他

學歷：□國小或以下 □國中 □高中／高職 □大學／大專 □研究所以上

通訊地址：______________________________

電話：（H）______________（O）______________ 傳真：______________

行動電話：______________ E-Mail：______________________

◎謝謝您購買本書，歡迎您上大都會文化網站（www.metrobook.com.tw）登錄會員，或至Facebook（www.facebook.com/metrobook2）為我們按個讚，您將不定期收到最新的圖書訊息與電子報。

獺祭

DASSAI

歸零再起，深山小酒造的谷底翻身奇蹟

北區郵政管理局
登記證北台字第9125號
免貼郵票

大都會文化事業有限公司

讀者服務部　　收

110台北市基隆路一段432號4樓之9

寄回這張服務卡〔免貼郵票〕
您可以：
◎不定期收到最新出版訊息
◎參加各項回饋優惠活動

大都會文化
METROPOLITAN CULTURE

大都會文化
METROPOLITAN CULTURE